广东省省级科技计划项目（2018A070701007）资助

探索生活中油的奥秘

美好生活由此而来

汪 勇 张 宁 主编

中国轻工业出版社

图书在版编目（CIP）数据

探索生活中油的奥秘：美好生活由此而来 / 汪勇，张宁主编. —北京：中国轻工业出版社，2022.10

ISBN 978-7-5184-4013-9

Ⅰ.①探… Ⅱ.①汪… ②张… Ⅲ.①食用油—普及读物 Ⅳ.①TS225-49

中国版本图书馆CIP数据核字（2022）第100581号

责任编辑：马　妍　　责任终审：李建华　　整体设计：锋尚设计

策划编辑：马　妍　武艺雪　　责任校对：吴大朋　　责任监印：张　可

出版发行：中国轻工业出版社（北京东长安街6号，邮编：100740）

印　　刷：三河市万龙印装有限公司

经　　销：各地新华书店

版　　次：2022年10月第1版第1次印刷

开　　本：787×1092　1/16　印张：12

字　　数：180千字

书　　号：ISBN 978-7-5184-4013-9　定价：45.00元

邮购电话：010-65241695

发行电话：010-85119835　传真：85113293

网　　址：http://www.chlip.com.cn

Email：club@chlip.com.cn

如发现图书残缺请与我社邮购联系调换

190358K1X101ZBW

本书编写人员

主　　编：

汪　勇　张　宁

副 主 编：

李　颖　仇超颖　蔡子哲　张　震

参　　编：

李婉君　李光辉　周海燕　王少林

刘　雪　杜　玥　熊　倩

插图绘制：

赵　燕　李婉君　张婧旋　李光辉

吴易达

前 言

- 食用油是我们日常生活中的常见食材，但关于“油”，还有许多你不知道的秘密。油在诱人的巧克力蛋糕和美味可口的川菜中扮演什么角色？吃哪些油可以减肥瘦身？怎样做到少吃油、吃好油？油有除食用外的其他用途，如何选择及调配植物精油来护肤美容？地沟油如何转化为生物柴油？昆虫怎样变身为油脂加工厂？本书介绍日常生活中与美食、健康、美容和环保息息相关的各种油，旨在普及食品和日用化学品科学内容。可作为食品和日化专业的入门参考书。在本书的基础上，我们还建设了“美好生活‘油’此而来”精品在线课程，该课程已在中国大学MOOC（慕课）、学堂在线、学堂在线国际版上线，邀请油脂领域国际知名专家参与访谈介绍油脂前沿科技知识。
- 本书的第一章油与美味食品，介绍油脂在日常美味食品的色、香、味、形中发挥的作用，以及现代油脂加工技术；第二章油与美体健康，介绍油脂摄入与肥胖、心血管疾病、炎症等的关系，食用油营养与安全常识，以及如何合理选择食用油；第三章油与美容，构建读者对精油、植物油与美容三者之间关系的基本认识；第四章油与环境，向读者介绍地沟油的危害，废弃油脂如何资源化“变废为宝”，为美好的环境添光加彩。
- 本书由暨南大学“油料生物炼制与营养”创新团队的教师、博士后和研究生编写完成，编写分工如下：第一章由汪勇、张宁、张震、李婉君、李光辉、周海燕、王少林编写；第二章由仇超颖、张宁编写；第三章由李颖编写；第四章由汪勇、蔡子哲、刘雪、杜玥、熊倩编写。汪勇负责本书的策划和审稿，张宁负责统稿和校正。广东贸易职业技术学院的赵燕老师负责本书简笔插图，团队的李婉君、李光辉、吴易达参与其他部分插图的绘制工作。李可瑶、孙晓雪、朱佳琪、冯程程、解梦飞、吴钰华、唐志强参与本书的文献收集和校对整理工作。在此对为书籍撰写、出版提供帮助的老师、同学表示衷心感谢！本书的出版得到了广东省省级科技计划项目（2018A070701007）的资助。
- 由于编者水平有限，书中难免有不妥和遗漏之处，敬请读者反馈意见和建议，以便改正。

编者

2022年1月

目 录

第一章

油与美味食品

食用油成就了食物的美味，不仅体现在菜肴烹饪中赋予食品色、香、味和口感，在巧克力、蛋糕、黄油啤酒、饼干、蛋挞等加工食品中也发挥着神奇的作用。我国有着悠久的食用油历史，古人是如何使用食用油的？现代科技又是如何让食用油大放异彩的？本章我们将向读者揭秘天然食用油和加工油脂与烹饪、加工食品的亲密关系，主要内容包括：食用油科学概念，介绍食用油的主要概念和营养成分；食用油的前世今生，介绍食用油的发展历史和现状；巧克力蛋糕的奥秘，介绍深受大众欢迎的烘焙食品中使用的油脂，例如巧克力油脂、搅打稀奶油和起酥油；油中“贵”族——黄油，介绍西式饮食中常用的乳脂产品；食用油与烹饪，介绍煎炸食品与煎炸油；烹饪油与经典中国川菜；油脂的加工技艺，介绍现代油脂制取、精炼和改性技术。通过本章读者将了解油脂在日常美味食品的色、香、味、形中发挥的作用以及现代油脂加工技术。

第一节　食用油科学概念

一、油与脂

食用油是指在制作食品过程中使用的动物或者植物油脂。常温下为液态的称为油，固态的称为脂。室温下饱和脂肪酸含量高的油脂熔点较高一般呈固态，不饱和脂肪含量高的油脂熔点较低呈液态（表1-1）。油脂习惯上简称为油。常见的食用油多为植物油，如大豆油、菜籽油、花生油、棕榈油、稻米油、玉米油、橄榄油、油茶籽油、葵花籽油、芝麻油、亚麻籽油、葡萄籽油、核桃油、牡丹籽油等。

表1-1　常见油脂

分类	固态脂肪	液态油
植物油	椰子油、棕榈油、棕榈仁油	棉籽油、花生油、大豆油、芝麻油、橄榄油、玉米油、鳄梨油、葵花籽油、红花油、菜籽油
动物油	黄油、牛油、猪油、鸡油	鲑鱼油
加工油脂	起酥油	

二、食用油脂的主要化学成分

（一）甘油三酯

食用油脂的主要化学成分是甘油三酯，结构如图1-1所示，分子中甘油通过酯键和多种脂肪酸结合。食用油是多种甘油三酯和少量的类脂的混合物。油脂中各种脂肪酸的组成和比例决定了该脂肪的物理、化学和营养特性。

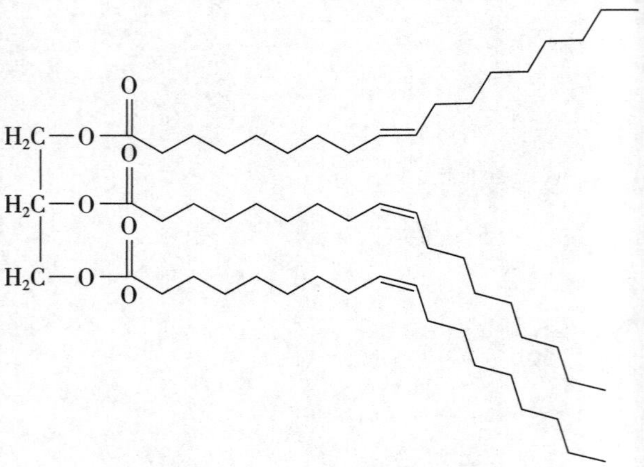

图1-1　甘油三酯结构

（二）决定油脂营养价值的脂肪酸

油脂完全水解后得到甘油和脂肪酸。脂肪酸是脂肪族羧酸化合物的统称，属于一元酸（含有一个羧基和一个烃基），化学通式为$CH_3[CH_2]_nCOOH$，COOH是羧酸基团。脂肪酸分子结构看起来像个毛毛虫，尺寸大小相当于一滴油的$1/10^{11}$（图1-2）。

自然界中的脂肪酸主要是含偶数碳原子的直链脂肪酸，奇数碳链或支链脂肪酸极少。表1-2是常见的脂肪酸。日常生活中经常听到的EPA和DHA分别是二十碳五烯酸和二十二碳六烯酸，是两种长链多不饱和脂肪酸。

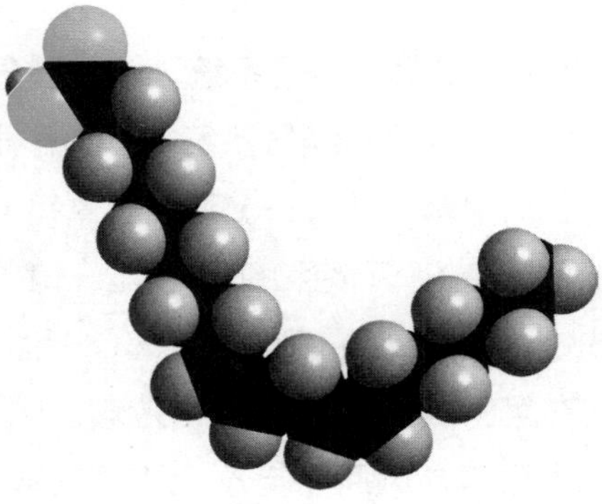

图1-2　亚油酸

注：黑色代表碳原子，白色代表氢原子，橙色代表氧原子

表1-2　常见脂肪酸

分类	名称		碳原子及双键数量	来源
饱和脂肪酸	酪酸（Butyric Acid）		4：0	乳脂
	己酸（Caproic Acid）		6：0	乳脂
	辛酸（Caprylic Acid）		8：0	乳脂、椰子油
	羊蜡酸（Capric Acid）		10：0	乳脂、椰子油
	月桂酸（Lauric Acid）		12：0	椰子油、棕榈仁油
	豆蔻酸（Myristic Acid）		14：0	肉豆蔻种子油
	棕榈酸（Palmitic Acid）		16：0	棕榈油、牛脂
	硬脂酸（Stearic Acid）		18：0	所有动物、植物油
	花生酸（Arachidic Acid）		20：0	花生油中含有少量
不饱和脂肪酸	单不饱和脂肪酸	油酸（Oleic Acid）	18：1	橄榄油、茶油、各种动、植物油脂
	多不饱和脂肪酸	亚油酸（Linoleic Acid，LA）	18：2	大豆油、葵花籽油等多种植物油
		α-亚麻酸（α-Linolenic Acid，ALA）	18：3	亚麻籽油、紫苏籽油
		花生四烯酸（Arachidonic Acid，AA）	20：4	卵黄、卵磷脂
		EPA（Eicosapentaenoic Acid）	20：5	深海鱼油
		DHA（Docosahexaenoic Acid）	22：6	深海鱼油

资料来源：江正强．食品原料学．中国轻工业出版社，2020。

1．脂肪酸的命名

人们常说的ω-3，ω-6是指什么？

ω是油脂的命名编号系统。脂肪酸分子上的碳原子用阿拉伯数字编号定位的编号系统有"Δ编号系统""ω或n编号系统"。"Δ编号系统"从羧基（—COOH）碳原子算起；"ω或n编号系统"从甲基（CH_3—）碳原子算起（图1-3）。例如油酸（$C_{18:1}$，ω-9）为18个碳原子的脂肪酸，有1个不饱和键，以$C_{18:1}$表示，ω-9表示从甲基CH_3—的碳开始计算第1个不饱和键的位置。由此可知ω-3、ω-6分别是指从甲基端CH_3—的碳开始计算，第1个不饱和键的位置在第3个和第6个碳碳键位置。国际上也可以用n来代替ω表示。脂肪酸的表达方式也常简化为只包含碳原子与不饱和键的数目，例如，棕榈酸是16个碳的脂肪酸，其中没有不饱和键，以16：0表示。

CH_3—	CH_2—	CH_2—	CH_2—	CH_2—	CH_2—	COOH	
7	6	5	4	3	2	1	Δ编号系统
1	2	3	4	5	6	7	ω或n编号系统

图1-3　脂肪酸命名编号系统

资料来源：杨月欣. 中国食物成分表. 北京大学医学出版社，2009。

饱和键是指碳原子之间是单键连接。不饱和键是指碳原子之间通过双键连接，可以想象碳原子的4个键为"4只手"，如果双手拉住对方就能产生双键，单手拉住对方就是饱和单键，如图1–4所示。

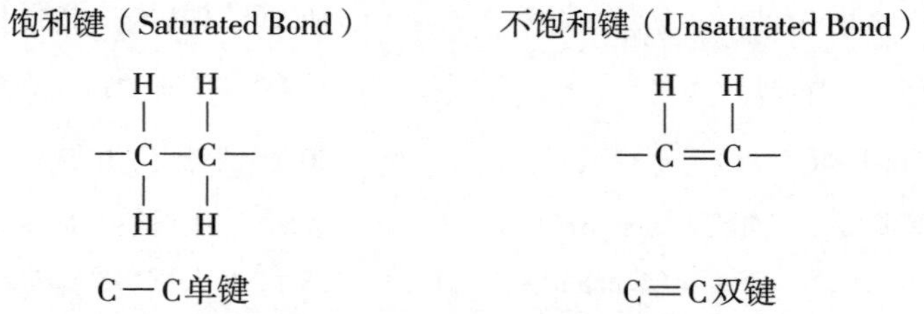

图1-4　饱和键与不饱和键

2．脂肪酸的分类

按碳链的长短可分为：

① **短链脂肪酸：** 碳原子数为4～6个，如丁酸（$C_{4:0}$）。

② **中链脂肪酸：** 碳原子数为8～12个，如月桂酸（$C_{12:0}$）。

③ **长链脂肪酸：** 碳原子数为14～26个，如硬脂酸（$C_{18:0}$）。

按脂肪酸的饱和程度可分为：

① **饱和脂肪酸（Saturated Fatty Acids，SFA）：** 碳原子链中不含有不饱和键，如

棕榈酸。

② **单不饱和脂肪酸**（Monounsaturated Fatty Acid，MUFA）：碳原子链中含有一个不饱和键，如油酸。

③ **多不饱和脂肪酸**（Polyunsaturated Fatty Acids，PUFA）：碳原子链中含有两个及两个以上不饱和键，如亚油酸、亚麻酸。

饱和脂肪酸熔点较高，含饱和脂肪酸较多的油脂常温下呈固态，如动物油脂、椰子油等。不饱和脂肪酸熔点较低，富含不饱和脂肪酸的植物油和鱼油室温下一般呈液态。

按脂肪酸的营养可分为：

① **必需脂肪酸**（Essential Fatty Acid，EFA）：在体内不能合成，必须通过食物摄取，包括亚油酸和α-亚麻酸。

② **非必需脂肪酸**（Nou-essential Fatty Acid，NEFA）：除必需脂肪酸以外的其他脂肪酸。

三、植物油的分类

植物油按照油涂布成薄膜的难易程度可分为干性、半干性和不干性油脂（表1-3）。

表1-3　干性、半干性和不干性油脂

类型	特点	油品
干性油	含有大量多不饱和脂肪酸，如亚麻酸	亚麻籽油和桐油
半干性油	食用烹调油的主要原料，它们含有较多不饱和脂肪酸	棉籽油、菜籽油、大豆油、芝麻油、玉米油等
不干性油	含有较多单不饱和脂肪酸，如油酸及饱和脂肪酸	茶油、橄榄油和棕榈油等

四、小结

食用油脂主要由甘油三酯和少量类脂组成。甘油三酯结构为甘油骨架上连接各种脂肪酸，这些脂肪酸的组成和比例决定了油脂的营养和理化特性。通常根据是否含有不饱和双键，以及不饱和键的数量将脂肪酸分为饱和脂肪酸、单不饱和脂肪酸和多不饱和脂肪酸。饱和脂肪酸含量高的食用油熔点高，室温下呈固态，如猪油、牛油、椰子油、棕榈油等；不饱和脂肪酸含量高的食用油熔点较低，室温下一般呈液态，如大多数植物油。n-3，n-6脂肪酸是指从甲基端（CH_3—）的碳开始计算，第1个不饱和键的位置在第3个或者第6个碳碳键上。亚油酸和α-亚麻酸是人体不能合成，必须通过食物摄取的多不饱和脂肪酸。

思考题

1. 食用油脂的主要化学成分是什么?
2. 必需脂肪酸属于多不饱和脂肪酸吗?
3. 亚油酸属于n–6多不饱和脂肪酸吗?

第二节　食用油的历史与发展

一、食用油的历史

人类的发展与食物息息相关，而食物的发展就不能不提到食用油。它不仅提供人体所需要的必需脂肪酸和维生素，赋予食物良好的口感，而且具有多种用途。食用油在中国的历史久远，明代张岱所撰《夜航船》中有“神农作油”的记载。

人们最先知道并食用的油来自动物。古人很早就发现烧烤肉时滴下来的油脂具有特殊的香味和滋味。日晒、烘烤和挤压均能从含油丰富的动物体中得到油脂。将其收集起来，用作食物的调味，能够获得令人满意的口感和热能，从此人类开始了利用动物油的历史。据记载，古人在不同季节还使用不同的动物油。汉代以前，关于动物油在日常生活中使用的史料比比皆是，饮食、照明等均利用的主要是动物油，即所谓的“脂膏”。

植物油初始多用于点灯照明或作为战争中的燃烧物使用。《黄帝内经》记载：“黄帝得河图书，昼夜观之，乃令力牧采木实制造为油，以棉为心，夜则燃之读书，油自此始。”汉代以后，芝麻从西域传入中原地区，由于其含油量丰富，逐渐被民众所喜爱和食用，《四民月令》中多次提到种植、买卖芝麻，可见人们对芝麻的重视程度，也反映出当时芝麻在人们日常生活中的重要地位。芝麻油可能是植物油中最先大量出现并用来食用的。早至三国时期，人们已大量使用芝麻油。

到了宋代，一直作为粮食或蔬菜的大豆和油菜作为油料的价值被进一步开发。它们的种植面积不断扩大。同时，伴随着压榨技术的改进，榨油业开始发展起来。除了主要食用的芝麻油，菜籽油的产量和地位提升，豆油开始出现，植物油的构成变得多元化。加之佛教及一些士大夫对素食的推崇，植物油的食用更加普遍，改变了以动物油脂烹饪食物的饮食习惯。《宋会要》有载，北宋开封有专为皇家提供食用油的“油醋库”，油醋库中有60名油匠负责榨油，“以京朝官、三班及内侍二人监”。对于油醋库所用的油料作物，则记载“油醋库，在建初坊。掌造麻、荏、菜三等油及醋，以供膳局……”。其油料主要为芝麻、荏子、油菜籽，其中又以芝麻为主。沈括的《梦溪笔谈》提到：“今之北人喜用麻油煎物，不问何物，皆用油煎。”就是说当时北方人喜欢油炸食品。陆游在诗中云：“胡麻压油油更香，油新饼美争先尝”。在宋代，除了饮食，芝麻油还被广泛用于制墨、医药等行业，是一种极为重要的油料。南宋时期，适合南方温润气候的油菜种植面积不断扩大，作为油料作物的地位不断提升。宋人食谱中也多有提及菜籽油用处，如制作“山家三脆”时：“嫩笋、小升，蕈、枸杞头，菜油炒作羹，加胡椒尤佳。”北宋时期，大豆的种植遍及至黄河流域、长江流域，甚至是岭南地区。大豆是五谷之一，但豆油的记载始见于宋代文献，苏东坡称：“豆油煎豆腐有味。……豆油可和桐油作艌船灰，妙。”但豆油的加工和食用在宋代尚未普及。另外据史书记载，在宋代植物油的产量相当可观，可以用作交岁赋。

明代开始，植物油的种类更加丰富，详细的制油方法也有很多记载，对各种植物油的性质、食量、不同的功用有了更深刻的认识。《天工开物》中“膏液·油品”中详细记述了各种植物种子的出油率和制油的方法，其中有压榨法、水代法、磨法、舂法等，和现代食用植物油的种类和加工方法在原理上类似。

清代花生油作为食用油出现在人们的饮食及日常生活中。到了清朝中后期，据清朝《续文献通考》中“实业考·油业”记载，其时食用的植物油主要来源于豆类（包括黄豆、青豆、黑豆、褐豆、斑豆）、棉籽、花生、油菜、芝麻、亚麻、山茶、紫苏、大茴香、核桃等。图1-5展示的是我国传统的茶籽油榨油过程。

在我国历史上，植物油并没有完全排斥动物油，两者并行不悖，但由于植物油种类多、产量大、用途广，因而其食用的比例越来越大。

图1-5 清代传统榨油方法

二、食用油的发展现状

据统计，2019—2020年度全球市场上供应的主要植物油是：棕榈油（35.2%）、大豆油（28.0%）、菜籽油（13.5%）、葵花籽油（10.4%），四大植物油合计份额接近植物油总供应量的87%。其次是棕榈仁油、花生油、棉籽油、椰子油和橄榄油（表1-4）。

表1-4　近年世界主要植物油产量　　单位：100万t

植物油	2015—2016年	2016—2017年	2017—2018年	2018—2019年	2019—2020年
椰子油	3.31	3.41	3.67	3.76	3.60
棉籽油	4.30	4.38	5.10	4.97	5.12
橄榄油	3.13	2.61	3.27	3.28	3.10
棕榈油	58.86	65.32	70.57	74.03	72.77
棕榈仁油	7.01	7.63	8.26	8.57	8.51
花生油	5.42	5.72	5.92	5.86	6.26
菜籽油	27.35	27.54	28.05	27.67	27.85
大豆油	51.56	53.82	55.15	55.79	57.74
葵花籽油	15.38	18.20	18.51	19.48	21.56
总计	176.32	188.63	198.50	203.41	206.51

棕榈油是一种热带木本植物油，是目前世界上生产量、消费量和国际贸易量最大的植物油品种，拥有超过5000年的食用历史。印度尼西亚、马来西亚、泰国、哥伦比亚和尼日利亚是棕榈油的主要生产国家。棕榈油主要消费国家和地区有印度尼西亚、印度、中国、欧盟等，其中印度尼西亚和印度是全球最大的棕榈油消费国。我国不产棕榈油，棕榈油进口量居世界第二，仅次于印度。

大豆油是最常用的烹调油之一。在全球食用植物油消费中，大豆油消费占比仅次于棕榈油，位居第二，且消费量保持稳定增长。美国、巴西、阿根廷、中国等是世界上大豆主要生产国家。与棕榈油、大豆油类似，菜籽油和葵花籽油在全球食用植物油中也占据重要地位。

国家统计局数据显示，2018年度，我国大豆油、菜籽油、棕榈油和花生油分别约占总消费量的44.3%、24.9%、10.8%和8.0%，总计88.0%。我国是大豆油主要消费国家，近年来大豆进口量和大豆油产量一直处于世界第一。随着人们对食用油的品质和多样性要求的不断提升，橄榄油等健康油脂消费呈上升趋势。市场规模基数小，具有独特风味和营养成分的小品种油将迎来迅猛发展。从全球范围来看，营养、安全、绿色成为食用油加工的主流和方向。膳食营养脂肪酸合理的食用油的研发将是今后世界食用油工业的发展趋势。营养调和油，有特殊脂肪酸组成的营养保健油，如油茶籽油、亚麻籽油、核桃油、紫苏油、红花籽油等将会占据一定的市场份额。食品专用油脂，如烘焙食品专用油脂、煎炸油、冰淇淋专用油等专用油脂的研发和生产也是今后的发展趋势之一。

由于我国自然环境、气候条件、民族习俗等的差异，各地区和各民族在饮食结构和饮食习惯上有所不同，使我国的饮食文化呈现复杂的地域差异。正如大家争论激烈的："豆腐脑到底应该吃甜的还是咸的"一样，不同地区的人们日常食用的油也各不相同。一般是就地取材该地区大面积种植的油料，就食用相应的植物油产品，形成饮食习惯。中国人对于浓香风味的追求，使得浓香花生油和芝麻油等食用油在全国盛行。北方的气温比南方低，尤其冬季十分寒冷，因此北方人的饮食中脂肪、蛋白质等食物所占比重大，食用油大多以大豆油和花生油为主；南方人饮食以植物类为主，大多食用植物油如菜籽油和花生油；而在高寒的青藏高原上，为了适应和抵御高寒的高原气候，具有增热活血功效的酥油成为藏族人民生活中不可缺少的主要食用油。总之，我国的饮食由于受自然的、社会的、民族的等各种因素的共同作用，显示出鲜明的地域差异性，这不仅体现了我国饮食文化的丰富内涵，而且充分体现了我国各族人民的智慧，正是辛勤的劳动人民创造了这丰富而神奇的饮食文化。

我国有"春雨贵如油"的俗语，体现出油是很宝贵的。经过我国食用油产业的艰苦奋斗，2017—2018年度，我国食用油总消费量超过3800万t，人均达到27.3kg，超过世界平均水平。要知道，在20世纪80～90年代，我国食用油消费量人均不到10kg。这是改革开放给中国带来的巨变在食用油产业的一个缩影。

三、小结

汉代以前我国先民就将动物油脂用于饮食和照明。古代油料作物的种植历史可以追溯到秦汉以前，植物油的加工利用大约出现在东汉末年。油料作物从无到有，由小面积种植到大范围普及，植物油由自食自用到进入市场，伴随着中国古代政治、经济的发展。当今世界上，棕榈油、大豆油、菜籽油、葵花籽油四大植物油占全球总供应量的87%。我国主要消费的植物油是大豆油、菜籽油、棕榈油和花生油。各个地区饮食文化的差异造成食用油品种的差异。随着油脂科技的进步，我国食用油工业突飞猛进，为消费者带来品种多样、价廉物美的食用油产品。

思考题

1. 我国古代最早大量食用的植物油是哪种油？
2. 植物油大量应用于烹饪中，改变了主要以动物油脂烹饪食物的传统是在哪个朝代？
3. 国内市场消费量最大的食用植物油有哪些？

第三节　巧克力蛋糕

巧克力蛋糕是深受大众喜爱的甜点，它的制作离不开多种食用油脂。巧克力离不开可可脂，蛋糕上装裱的搅打稀奶油主要成分是乳脂或人造奶油，烘焙蛋糕离不开烘焙油脂，如起酥油等（图1-6）。

图1-6　奶油蛋糕与巧克力

一、巧克力与可可脂

（一）巧克力的制作

巧克力（Chocolate）的主要原料为可可豆（Cacao Bean），可可豆是梧桐科常绿乔木可可树（*Theobroma Cacao*）的果实，外观为椭圆形灰绿色，其中含油53%~58%。可可树是亚马孙森林的土生植物，主要生长于热带，Theobroma的意思是“诸神的食物”。现今可可豆主要的产地有中南美洲、西非及东南亚等地，我国种植地主要为台湾地区和海南省。

成熟的可可豆经过采摘（Harvesting）、发酵（Fermentation）、晒干（Drying）、储存（Storage），由巧克力原料工厂采买，即进入巧克力加工过程。巧克力工厂的加工大致可依序分为烘焙（Roasting）、磨浆（Grinding）、拼配（Mixing）、细化（Refining）、焙火（Conching）、回火（Tempering）、铸型（Molding）、熟成（Maturing）等步骤（图1-7）。

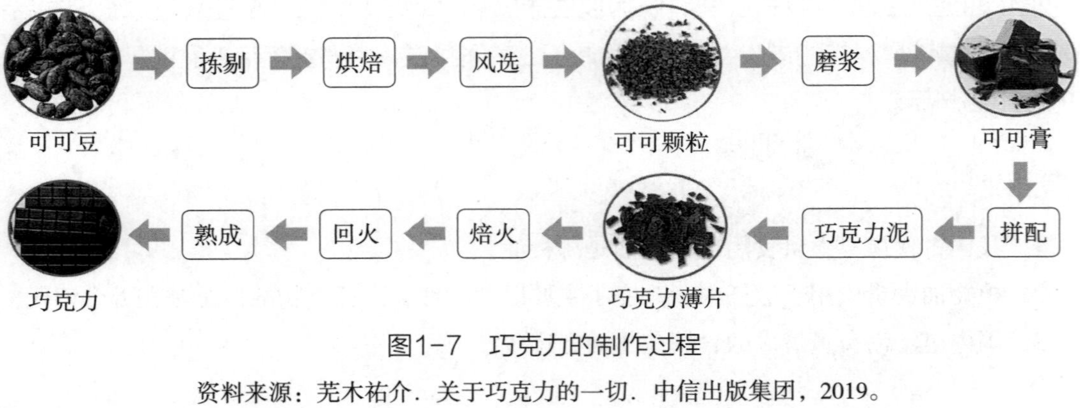

图1-7　巧克力的制作过程

资料来源：芜木祐介．关于巧克力的一切．中信出版集团，2019。

烘焙过程发生的美拉德反应让可可豆产生香气，同时颜色从发酵后的浅棕色变成深棕色。美拉德反应十分复杂，主要是可可豆中的氨基酸和单糖高温下发生的反应。烘焙过程能挥发可可豆在发酵过程中产生的乙酸，降低酸味，还可使可可豆里面的单宁发生氧化从而降低涩度，水分从8%降低到1.5%～2.0%，更加适合制作巧克力。

经过烘焙、风选去皮的可可颗粒（Cocoa Nibs）经过磨浆得到糊状的可可膏（Cocoa Mass）或可可原浆（Cocoa Liquor）。可可膏富含可可脂，常温下呈固态，当温度超过熔点（约37℃）时熔化为可可原浆（Cocoa Liquor）。通常可以把可可膏理解为可可固形物含量100%的巧克力，这种巧克力的酸味和涩味是不受一般消费者欢迎的，需要通过“拼配”，也就是加入糖、奶、可可脂（或其他植物油）、磷脂和香草来平衡口感，降低黏度。

可可膏经过压榨得到可可脂和可可饼（Cocoa Presscake）。可可脂无臭无味，常温下呈固态，脂肪酸组成以饱和脂肪酸为主（90%以上），比动物油脂如猪油（43%）和牛油（62%）都要高。可可脂在27℃以下时是坚硬和易碎的，当温度超过很窄的区间（27～33℃）时，大多数可可脂开始融化，35℃基本全部融化。这使得它在常温下是脆硬的固体，吃到嘴里时却迅速融化，带来清凉细腻的口感。可可脂主要的脂肪酸组成是油酸（O）、棕榈酸（P）和硬脂酸（S）。可可脂中甘油三酯的结构很有特点，绝大多数为对称型（SUS），S表示饱和脂肪酸，U表示不饱和脂肪酸，也就是甘油骨架的三个位置上中间的是不饱和脂肪酸，1、3位是饱和脂肪酸，例如POS，棕榈酸（P）和硬脂酸（S）是饱和脂肪酸分布在1、3位，油酸（O）是不饱和脂肪酸分布在2位。正是这种独特的对称型结构决定了巧克力入口即化的特性，非对称型的SSU口融性不佳。在可可膏中加入可可脂可以使可可风味更柔和，入口更丝滑，带来奶油般的口感。可可脂还可以应用在化妆品等其他领域中。

与砂糖、奶粉等拼配的粗制巧克力会吃出明显的颗粒感。“细化”这道工序可以将巧克力中的可可、砂糖、奶粉等颗粒碾压研磨至口腔无法察觉的细微颗粒，直径为18～20μm。经过碾压后的巧克力从细化前的块状变成薄片状。细化后的巧克力薄片经过“焙火”，这一道长时间对巧克力原料加压加热的工序可以除去杂味，形成巧克力最终的风味。焙火的设备称为精炼机（Conche），因外形类似于一种称为Conche的贝壳而得名。经过焙火的巧克力口感柔滑，香气芬芳。之后，巧克力需要经过冷却固化，工业上称为“回火”。回火的目的是使巧克力在特定的温度下冷却凝固，让可可脂形成稳定的β晶体。可可脂能形成多种结晶，熔点由低到高被命名为Ⅰ、Ⅱ、Ⅲ、Ⅳ、Ⅴ、Ⅵ、Ⅶ等。Ⅴ型结晶十分稳定，回火的目的就是让可可脂形成V型结晶（表1-5）。这种晶体的熔点比体温稍低，使巧克力在常温下保持硬度，又能入口即化，同时这种晶体排列紧密，可以使巧克力表面更光滑美观、体积更小。经过回火的巧克力脱模容易、硬度适当、表面光泽、口感柔滑。回火后巧克力还要进行一周的熟成，以确保结晶完全形成。

表1-5　可可脂的同质多晶及熔融范围

晶型	Ⅰ	Ⅱ	Ⅲ	Ⅳ	Ⅴ	Ⅵ	Ⅶ
熔点/℃	16 ~ 18	21 ~ 24	25.5 ~ 27.1	27 ~ 29	30 ~ 33.8	34 ~ 36.3	38 ~ 41

资料来源：王兴国．油料科学原理．中国轻工业出版社，2017。

（二）巧克力的分类与选择

市售巧克力品种多样，价格差距大。可可固形物中的多酚化合物以及其他微量成分对巧克力的风味做出了巨大贡献。可可脂是巧克力特殊口感的来源。巧克力的价格也主要取决于这两种物质的含量。常见的巧克力有黑巧克力、牛奶巧克力、白巧克力、夹心巧克力、巧克力软糖等。巧克力学会定义的“好的巧克力”是指不添加其他植物油和合成添加剂的巧克力。黑巧克力至少含有60%可可固形物；牛奶巧克力至少含有30%的可可固形物，其中添加卵磷脂和香草而不是香兰素和香草香精。许多国家都指定了法规和标准来保证巧克力的品质，表1-6是我国国标中规定的各种巧克力基本成分。

表1-6　GB/T 19343—2016《巧克力及巧克力制品、代可可脂巧克力及代可可脂巧克力制品》中规定的巧克力基本成分

项目		巧克力		
		黑巧克力	白巧克力	牛奶巧克力
可可脂（以干物质计）/（g/100 g）	≥	18	20	—
非脂可可固形物（以干物质计）/（g/100g）	≥	12	—	2.5
总可可固形物（以干物质计）/（g/100g）	≥	30	—	25
乳脂肪（以干物质计）/（g/100g）	≥	—	2.5	2.5
总乳固体固形物（以干物质计）/（g/100g）	≥	—	14	12
细度/μm	≤		35	
巧克力制品中巧克力的质量分数/（g/100g）	≥		—	

黑巧克力（Dark Chocolate）的主要原料是可可豆和糖，可可豆的品质很关键，商家一般用可可固形物含量来评价巧克力。有些巧克力品鉴者认为可可固形物含量在55%～75%的黑巧克力能兼顾味道和品质。黑巧克力有很多种类型。苦巧克力（Brut）是不加糖的，通常被用来烹饪，味道苦涩，只有少数巧克力的狂热爱好者才会喜欢食用。特苦巧克力（Extra Amer），可可固形物含量在75%～85%的巧克力，风味受众小。苦巧克力（Amer），可可固形物含量在50%～70%。美国食品与药物管理局（FDA）要求苦甜巧克

力（Bittersweet）的可可固形物含量超过35%。甜巧克力（Sweet）可可固形物含量15%以上。考维曲（Couverture）是巧克力工艺师和糕点师用来作为原材料的巧克力。可可固形物含量高的黑巧克力营养价值也高，可以提神，提高机体的抗氧化水平，还具有减肥的功效。一般可可固形物含量越高的黑巧克力，价格也相对越高。

牛奶巧克力是瑞士人发明的，直到现在瑞士仍然出产高品质的牛奶巧克力。欧洲大陆的巧克力制造商多用炼乳作为配料成分，美国和英国则用奶粉和糖。因为其可可固形物含量较低，在欧盟某些国家，牛奶巧克力称为“家庭牛奶巧克力”，欧盟一般要求这种巧克力至少含25%的可可粉，美国要求较低，要求牛奶巧克力必须含有10%以上的可可浆。目前，对牛奶巧克力中可可固形物含量没有统一的规定，因此，依据可可固形物含量的不同，其价格也有较大差异。美国产品因可可固形物含量远低于欧盟产品，在价格上也比欧洲大部分品牌要低。

白巧克力完全不含可可原浆，主要是糖、牛奶加可可脂混合制成。白巧克力乳制品和糖分的含量相对较大，具有浓郁的奶香味，口感也不同于黑巧克力，它的甜度更高，更受小朋友喜爱。美国、欧盟和日本，都要求白巧克力中可可脂的含量不低于20%。白巧克力价格与牛奶巧克力价格相近，都要远低于黑巧克力，但是需要注意的是白巧克力虽然口感更好，但是它的脂肪含量较高，食用较多容易导致肥胖，建议减肥人群食用黑巧克力。

夹心巧克力类型层出不穷，常带给食客意想不到的惊喜。常见的夹心巧克力有奶油夹心巧克力、软糖夹心巧克力，夹心常用蔗糖、水和葡萄糖制作。夹心巧克力的夹心可包含焦糖、奶油酱和奶油软糖，还可以在糖浆中加入碎坚果如杏仁或榛果等，在此不一一列举。

巧克力品种繁多，质量也参差不齐。可以通过以下方法来鉴别巧克力质量。

（1）硬度　优质巧克力的质地较硬，脆性较高。在气温较低的情况下，把巧克力折断，如果能听到清脆断裂的声音，断裂面干净，不产生碎片，说明巧克力品质较高。这是因为可可脂特有的晶体结构赋予了巧克力独特的松脆断裂，如果巧克力缺乏脆性，说明巧克力中的可可脂含量少，也可能添加了其他植物油脂。

（2）外观　打开巧克力包装，好的巧克力外观整齐，表面平整，细腻均匀，看不到气泡，并且在色泽上具有特定的颜色。黑巧克力与可可豆的颜色相同，呈深红褐色到黑棕色，牛奶巧克力的颜色要略浅一些，白巧克力一般呈现奶黄色。浇模成型的巧克力外观非常有光泽，涂衣/手工浸涂成型的巧克力光泽暗淡一些。有些涂衣成型的巧克力外面放了一层醋酸纤维素膜，揭开后表面非常有光泽。

（3）香气　品质优良的巧克力，具有浓郁而独特的香气，能给人带来愉悦感。好的巧克力不会有椰子味、过量的甜味、强烈的坚果味和尘土味。尘土味意味着巧克力储存不当或已变质。

（4）味道　大多数消费者喜欢食用的巧克力甜度较大。实际上，可可固形物含量高的优质巧克力的风味较为苦涩，这种独特的收敛性的苦味和涩味源自可可中的可可碱、咖啡碱、单宁等微量成分。

（5）软硬变化　巧克力对热敏感，在夏天温度较高的时候，巧克力容易融化变软，但在冬天气温较低的情况下，巧克力的质地硬，脆性高。如果用手握住一段时间，巧克力会开始融化。

（6）成分　购买巧克力时注意包装上的成分表，可可脂含量高的巧克力，对人体健康相对更有益，其质量也更优质；可可固形物含量高于75%的巧克力味道苦涩，大部分人接受度低，可可固形物含量低于15%的巧克力营养价值较低。

巧克力的最适贮存温度为12～18℃，使用密封容器，空气湿度在65%左右，这种条件下黑巧克力可以存放一年半以上。有些新鲜制作的巧克力保质期很短，如新鲜松露巧克力和新鲜奶油制作的巧克力。这类巧克力最好尽快吃完。

（三）巧克力中的其他植物油脂

传统可可脂价格昂贵且产量有限，所以有些产品利用类可可脂和代可可脂作为替代品。简单讲，类可可脂来源于如棕榈油等甘油三酯组成中含有相当多类似于天然可可脂的组分，可以通过分提加工来提高所需组分的含量，然后再根据比例要求调制成与天然可可脂相似的产品。代可可脂来源于如富含月桂酸的椰子油、氢化油脂及酯交换油脂，这些油脂的甘油三酯组成均不与可可脂相似，只是物理性能，如熔点，接近天然可可脂。

类可可脂（Cocoa Butter Equivalent，CBE）具有与可可脂类似的SUS对称性甘油三酯，主要有两类。一类具有与可可脂相仿的物理特性，可以任何比例与可可脂相容，例如牛油树脂、立泼硬脂等；另一类是不具有与可可脂相仿的物理特性，可以以一定比例与可可脂相混而不会明显改变可可脂的熔点、加工方法和流变特性，主要来自棕榈油。

可可脂替代品（Cocoa Butter Replacer，CBR），主要由大豆、棉籽、卡诺拉、棕榈软脂、花生、玉米油等植物油脂经部分氢化、分提等加工方法得到的。CBR价格便宜，不需要调温自发形成稳定的晶型，光泽度合格，货架期长。但是CBR巧克力富含反式油酸，口感质量欠佳，硬脆性不好，与可可脂相容性差。主要用于饼干、蛋糕、糖果等的涂层。欧盟规定使用CBR的产品不能称为巧克力；英国允许CBR用量小于5%。

可可脂取代品（Cocoa Butter Substitute，CBS）又称糖果脂，是一类含有40%～50%月桂酸，物理性质与可可脂相仿的硬脂，主要由棕榈仁油和椰子油加工而得。

自制热巧克力

牛奶煮到快沸腾时加入黑巧克力碎（可可固形物含量70%以上），边加热边搅拌，混匀即可，巧克力与牛奶的比例可以为1：（3～4）。

二、奶油蛋糕与搅打稀奶油

蛋糕和甜点上装裱的奶油是搅打稀奶油（Whipped Cream）。搅打稀奶油是以乳为原料，分离出的含脂肪的部分经加工制成脂肪含量10%～80%的产品。稀奶油的主要成分是乳脂肪，绝大部分液态乳脂肪是以包裹着一层薄膜的脂肪球的形式存在。搅打稀奶油是稀奶油通过搅打充气后形成稳定的泡沫，里面的脂肪含量通常是30%～40%，部分结晶的乳脂肪球聚集分布在气泡表面使泡沫稳定。当下流行的奶盖茶上的奶盖，水果沙冰“思慕雪”，碳酸汽水中的奶油都是搅打稀奶油。

由于天然奶油价格较贵，为降低成本，市面上销售的蛋糕上的搅打稀奶油和焙烤使用的起酥油常使用的是人造奶油。人造奶油是食用油脂和水按照一定比例，添加乳化剂、盐类和维生素等营养物质经过乳化、急冷、捏合等工艺加工而成的可塑性制品，性质与天然奶油相似。其中油相应不低于80%（质量分数，下同），水相应低于16%。人造奶油发明之初，主要以动物油脂如牛油为原料，通过与水进行调配、预冷、乳化、冷却等工艺制备，牛油基人造奶油的缺点是容易起砂带来不良口感。之后，人造奶油中油基料的制备主要是植物油脂通过氢化降低油脂中脂肪酸的不饱和度，获得人造奶油所需的熔点、塑性范围、硬度等物理化学性质，这就是通常所说的“植物奶油”，但是部分氢化过程伴随大量反式脂肪酸的生成，危害人体健康，这种部分氢化的植物基人造奶油正逐步被新型零反式脂肪酸的人造奶油所替代。因此，我们选择生日蛋糕时需要关注奶油的品种，尽量避免选择含有大量反式脂肪酸的人造奶油产品。

三、烘焙油脂——起酥油

烘焙离不开起酥油（Shortening）。起酥名称的由来，是由于脂肪可以防止面团混合时形成相互连接的面筋网络结构，从而使焙烤食品变得较为酥松，这种作用称为“起酥”。什么是起酥油呢？按照国标，起酥油定义为精炼油脂中加入或不加入乳化剂，经激冷捏合或不经激冷捏合加工而制成的固态或非固态的，具有可塑性、乳化性等加工性能的油脂制品。

起酥油的油脂原料可以是植物油或者动物油。猪油是最常用作起酥油的动物油，过去也有用牛油混合菜籽油来替代猪油的起酥油产品。随着油脂氢化技术的兴起，氢化人造奶油开始大量用来生产起酥油。但是随着油脂加工技术的多元化和进步，零反式脂肪酸的改性植物油脂逐步取代氢化人造奶油在起酥油中的应用。选择和购买起酥油时需要关注反式脂肪酸的含量，但也不能把起酥油和人造奶油画等号。通常起酥油制备过程还需要添加乳化剂、抗氧化剂、金属钝化剂、抗起泡剂、着色剂、增香剂等。

四、小结

诱人的巧克力蛋糕中油脂是美味的头号功臣。可可脂赋予巧克力丝滑和清凉的口感。由于可可豆资源有限，可可脂价格昂贵，价廉物美的代可可脂是现代油脂科技的产物。利用价格较低的植物油模拟可可脂的脂肪酸组成、熔点可达到与可可脂相似的口感。在蛋糕制作中，奶油除了具有提升蛋糕口感的作用之外，在蛋糕的装裱方面也发挥着重要作用。与植物奶油相比，动物奶油好像听起来不太健康，感觉一定很肥腻，事实恰恰相反。起酥油是烘焙食品必不可少的。起酥油不等于人造奶油，随着人们对反式脂肪酸的危害的关注，起酥油和人造奶油逐渐摒弃了部分氢化脂肪，零反式脂肪酸的改性油脂得到广泛应用。巧克力蛋糕富含各种油脂和碳水化合物，是高热量食物，日常食用还是应该有所节制，不宜过量。

思考题

1. 天然巧克力中主要含什么油脂？
2. 烘焙蛋糕、面包和饼干时使用的起酥油是什么？起酥油健康吗？
3. 什么是稀奶油？

第四节　黄油

黄油，又称奶油，英文名称为Butter，是以全脂乳或稀奶油为原料制作而成的。由于乳中乳脂含量低，以乳为原料生产黄油成本很高，所以称其为食用油中的“贵”族（图1-8）。黄油是人类最古老的食物之一，这一节介绍黄油和黄油美食。

图1-8　黄油

一、黄油和乳脂

牛乳中乳脂含量在3%左右，牛乳脂大部分以脂肪球的形式存在，直径为0.5～5μm，由一层膜包裹着，每毫升乳中有约150亿个脂肪球。乳脂有令人愉悦的风味，可以制成各种各样的产品比如稀奶油、黄油（奶油）、涂抹乳脂产品、奶油粉、冰淇淋等。牛乳脱脂得到稀奶油。乳品厂生产分离的过程中，牛乳中的脂肪因为相对密度不同，通过加热和离心等手段，质量轻的脂肪球就会浮在上层，成为稀奶油。稀奶油中的脂肪含量为10%~80%，平时可用来添加于咖啡和茶中，也可用来制作甜点和糖果。稀奶油与牛乳一样是水包油型（O/W）乳化体系。黄油，也就是奶油，是以稀奶油为原料制作的，脂肪含量不低于80%，是与稀奶油相反的油包水型（W/O）乳化体系，水、蛋白质、乳糖和盐组成的液滴分散在半结晶的乳脂肪形成的连续相中。奶油、稀奶油、无水奶油产品的定义见表1-7。

表1-7 奶油、稀奶油、无水奶油的定义

产品名称	加工方法	脂肪含量
奶油（黄油）	以乳和（或）稀奶油（经发酵或不发酵）为原料，添加或不添加其他原料、食品添加剂和营养强化剂	经加工制成的脂肪含量不小于80%的产品
稀奶油	以乳为原料，分离出的含脂肪的部分，添加或不添加其他原料、食品添加剂和营养强化剂	经加工制成的脂肪含量10%~80%的产品
无水奶油（无水黄油）	以乳和（或）奶油或稀奶油（经发酵或不发酵）为原料，添加或不添加食品添加剂和营养强化剂	经加工制成的脂肪含量不小于99.8%的产品

资料来源：GB 19646—2010《食品安全国家标准 稀奶油、奶油和无水奶油》。

牛乳脂的脂肪酸种类很复杂，已经检出的脂肪酸就有数百种，主要脂肪酸为20种左右，含有很多中短链饱和脂肪酸。乳脂脂肪酸大约一半来自于牛的进食，其他的来自奶牛自身的体脂肪，在奶牛乳腺中合成为乳脂肪。乳脂脂肪酸种类受牛品种、饲料、季节等因素的影响。不同品种的牛合成脂肪酸的碳链长度和脂肪酸种类有差异，造成它们产出的黄油的差别。比如泽西牛（Jersey Cow）是深受黄油生产者喜爱的奶牛品种。高海拔野生牧场放牧的牲畜所产的奶中共轭亚油酸含量更高。通常夏季乳脂的碘值要比冬季的高出一个单位，碘值高意味着油脂中不饱和脂肪酸含量高。

二、黄油制作的发展

有人认为黄油的发明可以追溯到最早驯养反刍动物的新石器时代。撒哈拉地区至今还保留着一种制作骆驼黄油的传统方法：将骆驼奶倒进山羊皮囊（利用其中天然的酶和微生物发酵骆驼奶），静置12h，当皮囊中形成酸奶时，将空气吹进皮囊，头部扎紧，挂在帐篷杆上，飞快地来回甩动，搅动酸乳使乳脂和乳固体分离。因此，可以想象动物乳的自然发酵和偶然的搅拌是乳脂与酪乳分离的关键，由此产生了制作黄油的方法。我国藏族地区传统酥油手工制作方法是：先将牦牛乳在铁锅等容器中煮沸，或者在牦牛乳中倒入一定量的热水，加热可以使乳脂肪和乳蛋白更容易分离；冷却的牦牛乳倒入酥油桶（图1-9）里，用一只木杵（甲洛）用力上下抽打、搅拌，这是制作中最重要的环节。如此来回数百次后，使奶油分离，黄色的油脂漂浮出来；将油脂捞出后，放入凉水里，在凉水中用两手反复捏、攥，直至将黄油团中的杂质——乳固体除净为止，并将黄油拍成扁圆或方形的坨团。为便于保存和运输，黄油往往被装进牛羊肚中缝好，制成椭圆形皮囊装存，食用时随时取出。现在黄油的生产主要依靠机械设备，机械设备代替人工大大提高了黄油的生产效率。

随着离心乳脂分离机的发明，乳脂能够更高效地从乳中分离。制冷技术使得黄油能在低温下搅拌、压炼和保存，黄油的生产逐渐走向工业化和机械化。目前国内外生产的黄油多采用的工艺为Fritz法。首先将牛乳通过离心分离浓缩得到含脂40%的稀奶油，稀奶油灭菌、降温，使得乳脂发生结晶；再通过机械搅打工序对结晶的奶油进行搅打，破坏奶油的乳状液稳定性，使水包油型（O/W）乳液体系转变成油包水型（W/O），形成离析的黄油颗粒和酪乳；最后是物理压炼，使较小的奶油颗粒聚集，压炼挤压形成质地均一的黄油，排去酪乳和多余水分（图1-10）。

图1-9　藏族传统酥油桶

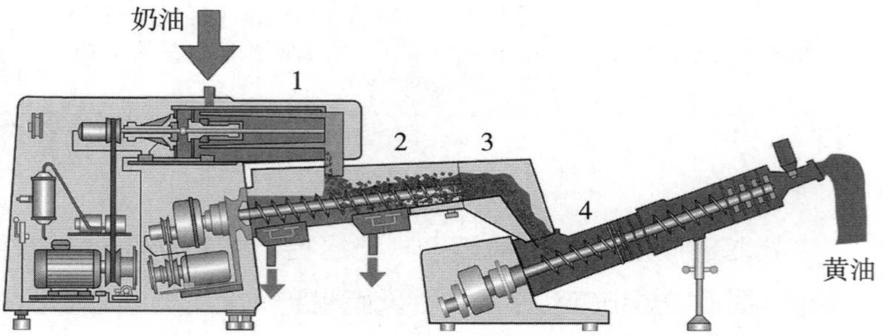

图1-10　现代连续式黄油生产

1—搅打圆筒　2—分离段　3—加压干燥段　4—二次压炼段

黄油工业化生产之前，每个奶农家庭就是一个小型乳品加工作坊，生产的黄油都有自家特色风味。工业化生产提高了黄油产品的新鲜度、规范性和一致性，许多黄油品牌销售到全世界。如今随着食品加工的“复古”风潮，出现了一群手工黄油的爱好者，他们开设自己的小型手工黄油加工厂，或者在厨房DIY，追求工业化一致性以外的特色黄油。

三、黄油美食

慢火熬煮黄油，水分蒸发，乳固形物沉淀，剩下的乳脂就是通常所说的酥油。实际上酥油是一种浓缩黄油产品，高温下脱除了几乎全部水分和乳固形物，产生了一种强烈的奶油风味，相较于黄油，酥油气味更加浓郁。从牦牛奶中提炼的酥油，是藏民族最为珍贵的食材，是他们日常摄取热量的重要来源。糌粑是酥油、炒面混合制成的藏族传统美食。酥油茶是酥油与茶结合的产物（图1-11）。传统的酥油茶，是把煮好的浓茶滤去茶叶，倒入专门打酥油茶用的酥油茶桶，接着放入酥油和食盐，用力将茶桶上下来回抽几十下，使油茶交融，再倒入锅里加热，便制成喷香可口的酥油茶。更为简便的方法是先将砖茶按比例放入水中煮沸，待茶水变黑后，加适量的盐，再加入酥油，将其融化。除了食用，黄油还可用在药物、化妆品、宗教祭祀物品中。酥油花是我国藏传佛教特有的供佛彩塑艺术，以藏族日常食用的酥油为原料，揉配鲜艳的矿物颜料，塑成佛教故事题材的彩塑形象。

图1-11　藏族传统酥油茶和酥油花

日常生活中，黄油可用作烹饪油，例如，煎烤牛排、鸡排、牛肝菌等。黄油除了能够提供天然奶香风味之外，还有一些其他的操作特性，这些特性是由其特殊的脂肪酸组成和不同温度下的固体脂肪含量形成的，如黄油在10℃左右具有涂抹性，20℃左右具有延展性，25℃左右具有保型性，30℃左右具有可塑性，35℃左右具有口融性。这些特性也决定了黄油能够作为塑性脂肪用于焙烤食品中，或用来生产乳脂涂抹产品。

自制黄油

第一步，市售奶油（淡奶油或者重奶油都可）在家庭搅拌机中高速搅打约5min，打至油水分离，尽量倒出乳白色的脱脂乳，这时候搅拌机里剩下的主要是黄油了，但里面还残留不少脱脂乳。

第二步，取出黄油，在冰水中用手揉捏清洗去除剩余的脱脂乳，到洗出来的水变澄清，即说明脱脂乳基本去除。

第三步，用纱布包上黄油挤干水分，这个时候可以加少许盐调味；

第四步，黄油用密封容器或者包上焙烤纸放到冰箱冷藏或冷冻保存。

四、黄油与人造奶油

人造奶油是食用油脂加工而得的一种塑性、半固态或流态的油包水型乳化食品，但乳脂肪及其衍生物不是其主要成分。除了食用油脂，人造奶油的成分通常还包括水、盐、防腐剂、有机酸、蛋白质、乳化剂、着色剂、维生素、抗氧化剂和风味强化物等。主要用于餐饮和食品加工。

人造奶油（人造黄油）的发明和兴盛都与战争时期黄油稀缺有关。普法战争时期诞生了一款由从牛脂肪中分提的软脂与牛乳乳化冷却后获得的与黄油物性相似的白色涂抹油脂产品。用胭脂树籽染成黄色后的人造奶油与天然黄油外观和性能差别很小，生产成本低廉，受到低收入消费群体的欢迎。此后，人造奶油产业蓬勃发展起来。你见过粉色、黑色和红色的人造奶油吗？早期，为了避免廉价人造黄油对天然黄油生产与销售的冲击,只允许销售白色或染色的人造奶油，有的国家甚至规定所有人造奶油必须混合10%的芝麻油。直到战争再次造成了黄油稀缺，为人造奶油的兴盛创造了新机会。第二次世界大战期间，价格低廉，稳定性更好，保质期更长的人造黄油成为更多消费者的选择。随着中西饮食文化的相互交融，西点类产品日益受到消费者青睐。我国于20世纪80年代初期引进丹麦人造奶油生产设备。此后，我国人造奶油的生产发展迅速，从1984年年产2万t，到如今已经突破年产100万t。

1911年，油脂氢化技术开始应用于植物油加氢，将熔点低的植物油硬化为熔点高的油脂制成氢化植物油。氢化植物油成为人造奶油基料油之一。植物基人造奶油曾经风行一时，然而部分氢化的植物油产生大量的反式脂肪酸。近几年，反式脂肪酸与心血管疾病相关性的发现将人造奶油推到了风口浪尖。由于部分氢化植物油对健康的危害，如今含有大量反式脂肪酸的基于部分氢化植物油的人造奶油正被更健康的人造奶油产品取代。

五、小结

黄油是人类最古老的食物之一，人们很早就掌握了从奶油和全脂乳中分离黄油的手工搅拌的方法，随着科技的发展，机械化、工业化的生产为消费者提供新鲜、规范、稳定的黄油产品。黄油的制作成本很高，来源有限，促进了人造黄油的发明和广泛使用。人造黄油对天然黄油的生产造成很大的冲击，但另一面也促进了乳品工业的革新和进步。而部分氢化植物人造奶油含有大量反式脂肪酸，会损害消费者的健康，正逐渐淡出人们的餐桌。

思考题

1. 黄油是黄色的，稀奶油和牛奶却是白色的，这是为什么？
2. 酥油和黄油的区别是什么？

第五节　食用油与烹饪

一、煎炸油与煎炸食品

（一）煎炸食品的美味秘诀

煎炸是一种传统的食品贮藏加工手段，历史可追溯到公元前3000年，这种古老的烹饪方法是以油脂作为传热介质结合煮制，使食物从表面到内部脱水。美味的油炸食品不仅有家常地道的油条、春卷、炸肉丸子、炸花生米，还有具有浓郁地方特色的炸臭豆腐、炸糍糕，宴席上的松鼠鳜鱼，以及舶来品天妇罗、炸薯条、炸鸡块等，令人回味无穷（图1-12）。

图1-12　油炸食品

煎炸食品因特殊的风味及酥脆的口感而深受人们喜爱。煎炸过程中煎炸油脂和食品原料都发生了物理和化学的变化，涉及到油脂的热降解、蛋白质与糖类发生的美拉德反应，最终形成了煎炸食品独特的风味和口感质地。例如，煎炸油条时，油脂作为热交换介质，一方面使被炸面团中的淀粉糊化，蛋白质变性，面团中的水分蒸发，从而形成内部多孔的结构，赋予油条酥脆的口感；另一方面，面团中各种成分在高温炸制过程中会发生油脂氧化降解、蛋白质降解、糖类降解、美拉德反应，以及上述反应产物相互作用等一系列复杂反应，形成油条金黄的色泽及消费者喜好的香气。

煎炸油脂中的不饱和脂肪酸，尤其是油酸和亚油酸，在高温煎炸时会发生氧化降解反应形成醛、酮、醇、酸、酯等各类挥发性的风味物质，赋予了油炸食品特殊的香味。因此，不同油脂脂肪酸组成存在差异，在煎炸过程中所释放的香气也不同。煎炸食品成分不同所发生的化学反应和生成的风味物质也不同。例如，菜籽油主要挥发性风味成分包括硫苷降解产物、氧化挥发物、杂环类物质及苯环类物质，薯条的风味物质包括吡嗪类、醛类以及杂环类化合物等，炸鸡的风味物质为噻吩醛类化合物。

（二）煎炸食品与垃圾食品

煎炸过程中食品中的微生物被杀灭，水分活度降低，酶失活，一定程度上具有保藏食品的作用。煎炸油中有益的油脂伴随物也会迁移到油炸食品中，例如，炸薯条中可检测到生育酚、植物甾醇、角鲨烯、胡萝卜素等脂质伴随物。这些是煎炸给食品带来的有益变化。

在煎炸过程中的高温环境下，油脂与食物、空气、水分等物质产生一系列的氧化、水解、聚合和分解等复杂物理和化学反应，会导致油脂中必需脂肪酸等营养成分被破坏、黏度增大、色泽加深、泡沫增加、烟点降低，目前已鉴定出400种煎炸过程中产生的分解物，其中约有50种物质具有致癌的风险（表1-8）。极性组分是指食用油在煎炸过程中所产生的酸、醇、醛、醚、酯等具有极性的化合物总称，会促进异味物质的产生和油脂的早期氧化。GB 2716—2018《食品安全国家标准　植物油》规定煎炸过程中食用植物油的极性组分（Polar Components，PC）含量≤27%，酸值（KOH）≤5mg/g。因此常用煎炸油中极性组分含量来监测煎炸油热劣变程度。

建议选择质量好、稳定性高的油煎炸，并且控制油温和煎炸时间，煎炸时温度控制在160～180℃比较理想，食物在热油中炸制的时间控制在2～3min，炸至表面金黄即可。煎炸食品独特的风味让人难以抗拒，但是日常生活中食用量也要注意，一次性过多的摄入会给机体代谢带来负担，有可能引发急性胃肠炎，出现腹胀、腹痛、恶心、呕吐、腹泻等症状。煎炸过程中产生的有害物质也可能带来其他健康风险。控制食用量，不要经常性食用，偶尔解下馋，不可吃太多，有荤有素，合理搭配。

表1-8　煎炸过程中油脂物理和化学性质的变化

类型	反应	油脂品质变化
物理	充气、蒸发、起泡、发烟、溶解、颜色加深	黏度、密度、张力、介电常数、导电性
化学	水解、自动氧化、脱水、聚合、环化、美拉德反应	极性化合物、聚合物、游离脂肪酸、脂肪酸组成、酸败、过氧化物

（三）适合作煎炸油的油

食品煎炸分为深度煎炸和浅表煎炸，深度煎炸称为“油炸”，如炸薯条、油条、鸡腿等，在深锅中进行。浅表煎炸分为“油煎”和“炙烤”，一般在平锅或者铁丝网上进行。浅表煎炸可以用通常的烹调油，也可以用黄油、人造奶油或炙烤专用起酥油。深度煎炸油一般是长时间使用，在油炸过程中需要不断补充新油。用于深度煎炸的油脂必须拥有清淡风味和良好的氧化稳定性，在煎炸时不易发生氧化、裂解、水解、热聚合等反应。而浅表煎炸油一般是一次性使用，稳定性要求比深度煎炸低。

油脂所含的脂肪酸不同，氧化速率差别较大。饱和度高的油脂稳定性高，不容易氧化，产生的脂质过氧化物少，而富含亚油酸或亚麻酸的油脂在高温条件下易发生氧化反应，会产生过氧化物和反式脂肪酸等风险因子。因此，适合煎炸的油脂排序为棕榈油＞动物油＞橄榄油、山茶油＞花生油＞玉米油＞大豆油＞菜籽油＞紫苏籽油、胡麻油等（本书第二章第五、六节介绍了各种天然食用油的营养成分）。油脂加热到烟点后会开始冒烟和分解，释放出可能对人体细胞造成伤害的自由基，从而导致机体的氧化损伤。因此，煎炸食物应使用高烟点的油，一般要高于230℃，烟点越高，越适合煎炸。

棕榈油一般用来油炸方便面，油脂中饱和脂肪酸含量较高，不易变质，烟点高，适宜作为煎炸用油。猪油在中餐料理中用的较多，许多糕点一般用猪油起酥，猪油、葱和面粉的搭配会产生令人愉悦的风味。煎炸用油中加入三成比例的猪油可以有效增香，炸出来的食物色泽金黄，口感酥脆。椰子油中含有50%的月桂酸，这是一种健康的饱和脂肪酸，并且椰子油烟点较高，是理想的烹饪食用油。此外，调和油也是一种不错的选择，棉籽油、菜籽油、大豆油和棕榈油按一定比例调配，制成含芥酸低、脂肪酸组成平衡、起酥性能好、烟点高的煎炸调和油。

家庭煎炸一般选择花生油、大豆油等常用的烹调油脂，这些油脂的不饱和脂肪酸含量高，长时间使用极易发生氧化变质，所以不建议反复油炸。而工业、快餐店或酒店用的煎炸油脂是煎炸专用油脂，以棕榈油居多，与普通食用油相比，棕榈油的饱和脂肪含量较高，因此，其氧化稳定性和煎炸稳定性要优于大豆油等传统油脂，除此以外，煎炸过程中不断补充新的油脂，也能延长油脂煎炸使用时间。

二、烹饪油与川菜

中国西南的“天府之国”——四川，素有“烹饪天国”的美誉。川菜即四川、重庆菜肴，是中国八大菜系之一。川菜以家常菜为主，高端菜为辅，取材多为日常百味，也不乏山珍海鲜。其特点在于红味讲究麻、辣、鲜、香；白味口味多变，包含甜、卤香、怪味等多种口味。代表菜品有毛血旺、水煮肉片、夫妻肺片、四川火锅、辣子鸡等。

（一）牛油与火锅底料

川菜的美味和油的使用密不可分。有些川菜油比较重，充分体现了“油多不坏菜”。到四川旅行最不可错过的大概就是品尝地道的四川火锅（图1-13）。提到火锅，很多人会选择牛油锅底，用牛油主要是因为牛油香浓，比较黏稠，可以挂在烫好的肉、菜上增加口感。牛油是从牛脂肪组织中提炼出来的油脂，是一种动物脂肪，其饱和脂肪酸含量较高，有独特的风味，深受人们喜爱。尤其在热气腾腾的火锅中，风味更加浓郁。

图1-13　火锅

火锅底料的制作需要大量油脂作原料。在火锅底料熬制过程中，动物油脂难免会氧化，早期的氧化会产生令人愉悦的香味。油脂在火锅底料中起到增加香味、改善口感、丰富口味的作用，并在食用过程中覆盖在水的上层，起到保温的作用。火锅油脂也不断溶解食材中的油溶性调味物质，在涮火锅时，油脂吸附到食物表面，起到很好的增味作用。

棕榈硬脂是在棕榈油冷冻后分提出来的固体部分，与牛油具有相似的形态结构及熔点，因此，理论上棕榈硬脂可作为原料油脂替代牛油应用于类似产品的生产加工中，但是风味方面有差异。

（二）火锅油碟

除了火锅底料，人们吃火锅时也常搭配油碟。这是因为一来油碟可以提味，使火锅的味道更为鲜美；二来刚烫好的肉食和蔬菜在油碟里过一圈后，可以降温，不至烫伤舌头，损坏味蕾。油碟的用油也十分讲究。正宗四川火锅一般搭配芝麻油油碟。虽然人们吃火锅追求其麻辣鲜香烫，但其味道有时候会损伤我们的胃肠，而据《神龙本草经》介绍，芝麻油具有防口腔、肠胃烫伤的功效，另外，芝麻油具有清热解毒，“主伤中虚羸，补五脏，益气力，长肌肉，填脑髓”，坚筋骨等作用；芝麻油也含有芝麻酚等天然抗氧化剂。芝麻油浓香的风味令人愉悦也是选择芝麻油的原因之一。

（三）辣椒油

另一道火遍大江南北的名菜——毛血旺，起源于重庆嘉陵江畔的磁器口，是重庆市的传统名菜，属于重庆菜。具有麻、辣、烫、鲜、香的特点。麻辣鲜香，汁浓味足，开胃除湿。制作毛血旺的关键一步是在上菜前淋上一层辣椒油，热油与食物相互交融，滋滋作响。最后浇上的红油可以让菜品的辣味、香味以及色泽得到提升。

辣椒油的制作方法十分讲究，将大葱头晾干后和老姜皮、辣椒粉一起用植物油煎熬。植物油是良好的溶剂，将这些香辛料中的油溶性物质提取到油中，制成辣椒油。有些物质在热油熬煮过程中会发生变化，变得更辣。正宗的毛血旺，盆内的红油不会少于一半，而且油滑透亮、不浑不浊。其汤汁具有红亮、麻辣鲜香、味浓味厚的特点。油少不仅影响味道和口感，也不利于保温。在顺序上，建议先吃肉类后吃白菜、粉丝等物。因为菜叶易“挂油”，吃起来更辣。循序渐进，先从不太辣的吃起。

三、小结

食品经过油炸之后色泽诱人、风味丰富，同时油的高温脱水使食物变得酥脆。伴随着油炸风味的形成，煎炸油也渐渐发生水解、自动氧化、氧化聚合、热聚合、环化等化学反应，引起品质劣变。家庭煎炸食物要尽量选择不饱和脂肪酸含量低、杂质少的食用油。川菜对食用油淋漓尽致的运用体现了传统中国烹饪善用辅料提升菜肴风味与口感的技术。

思考题

1. 什么油适合作煎炸油？
2. 为何不宜选用不饱和脂肪酸含量高的食用油煎炸食物？

第六节　油脂的现代加工技术

一、食用油脂的现代制取技术

常用的食用油脂制取方法有压榨法、溶剂浸出法、水代法和熬煮法。也有一些新兴的油脂制取技术，如水酶法、超临界二氧化碳（CO_2）萃取法、超声波辅助提取法等。

压榨法制油是传统的油脂制取方法，主要是利用压力使油料细胞壁破损，使油脂得以渗出。随着制油技术的发展，先后产生了人力压榨、水压机压榨、螺旋榨油机压榨三种类型的压榨法制油。当今广泛使用的榨油机械，即螺旋榨油机。压榨法制油主要加工对象为高含油量油料作物，如芝麻、花生、菜籽和葵花籽。从操作方法上可将其分为冷榨法及热榨法。冷榨法一般在低于60℃的环境下进行加工，营养成分保留最为完整，但出油率只有热榨法的一半，因此，大部分冷榨油的价格要比热榨油高。热榨法是将油料作物种子炒焙后榨取，气味浓香、颜色较深，产量较高，相应的产品中存留的油料残渣较少，容易保存。压榨法制油包括预处理和压榨处理，共有7道工序，如图1-14所示。

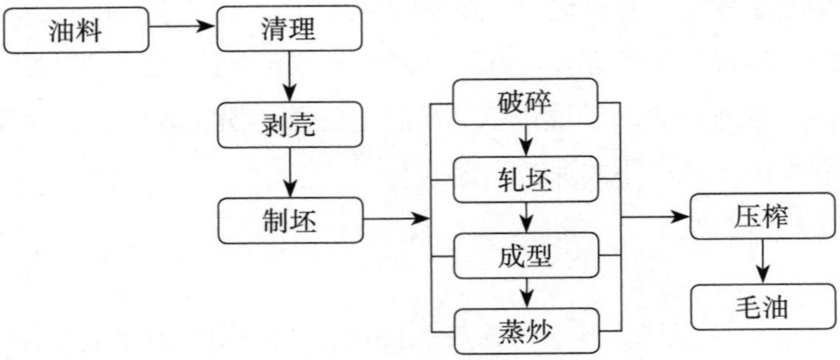

图1-14　压榨法制油工艺流程

资料来源：王兴国．油料科学原理．中国轻工业出版社，2017。

溶剂浸出法的制油技术是利用油脂和有机溶剂相互溶解的性质，将油料破碎压成坯片，或者膨化后用正己烷等有机溶剂和油料坯片在浸出器内接触，将油料中的油脂萃取溶解出来，然后通过加热汽提的方法脱除油脂中的溶剂。这样得到的毛油再经过进一步的精炼处理，就成为最终的食用油。油脂浸出的工艺过程如图1-15所示。

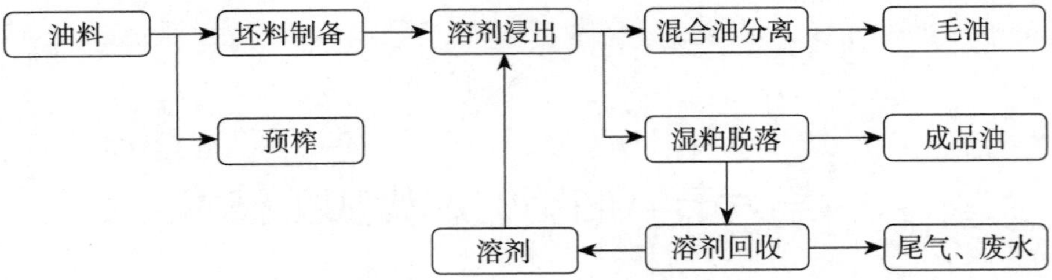

图1-15　浸出法制油工艺流程

资料来源：王兴国．油料科学原理．中国轻工业出版社，2017。

超临界二氧化碳萃取法是利用超临界流体具有的优良溶解性及这种溶解性随温度和压力变化而变化的原理，通过调整流体密度来提取不同物质。超临界二氧化碳萃取植物油脂具有许多优点，如技术简化、节约能源、萃取温度较低、生物活性物质受到保护。另外，二氧化碳作为萃取溶剂资源丰富、价格低、无毒、不燃不爆、不污染环境。

我国植物油种类繁多，不同油料的化学成分、含量、物理性状有差别。选择油脂制取技术，首先要考虑油料品种和加工规模。对大规模的高含油油料一般采用“预榨+浸出”的工艺，如油菜籽、葵花籽仁和花生仁等；对低含油油料采用直接浸出，如大豆、米糠等；对带壳油料采用剥壳后取油，如花生果和葵花籽等；对某些油料中可产生特殊风味的油脂，为保持其产品不失去原有的风味和优良的品质，大多不直接采用溶剂浸出取油，而需要采取高温炒籽和压榨法取油，如芝麻油、浓香花生油、可可脂等油脂的生产。但为了充分利用油料资源，提高经济效益，根据规模效益，压榨后所取得的饼粕，还可以用溶剂继续浸出提取。

油脂品质的好坏不仅联系着千家万户，我国食用油脂加工已经实现了从大豆、油菜籽、花生等不同油料作物收获后的干燥、清理、分选，以及油料的预处理、预榨、压榨或浸出、精炼加工等全过程所需的各种装备的使用。目前我国食用油脂装备业已有能力提供科技含量高、质量可靠、性能先进的单机产品及成套装备，如碟式离心分离机、大型螺旋榨油机、大型油料挤压膨化机以及大型连续油料预榨浸出成套装备和油脂精炼成套装备等装备，大大提高了油脂加工能力和加工效率。我国食用油脂加工装备正在逐步向综合性、大型化、专业化的方向发展。

二、毛油的澄清

制取油脂的工艺方法很多，但是用各种取油方法制得的动、植物油脂常混有妨碍健康和影响使用性能的各种组分，这些油脂一般统称为毛油或原油。除了少数油脂，如芝麻油、花生油、橄榄油不需要或只需要简单精制处理外，大多数油脂都需通过不同程度的精制加工去除毛油中的各种非甘油三酯成分后才能达到食用标准。对于一些含有杂质成分多的不宜食用的油脂，如米糠油、棉籽油、棕榈油、菜籽油等，一般都要按照食用油脂的等级和用途采取必要的手段进行精制加工。

（一）油脂的精炼工艺

油脂精炼一般包括脱胶、脱酸、脱色、脱臭、脱蜡等环节，如图1-16所示。

1. 脱胶

毛油中存在的胶溶性杂质是指毛油中的磷脂、蛋白质、黏液质和糖基甘油二酯等杂质与油脂组成的溶胶体系；这些胶溶性杂质不仅降低了油脂的食用价值和储藏的稳定性，而且影响油脂精炼和深度加工的工艺效果。采用物理和化学的方法脱除毛油中胶溶性杂质的工艺

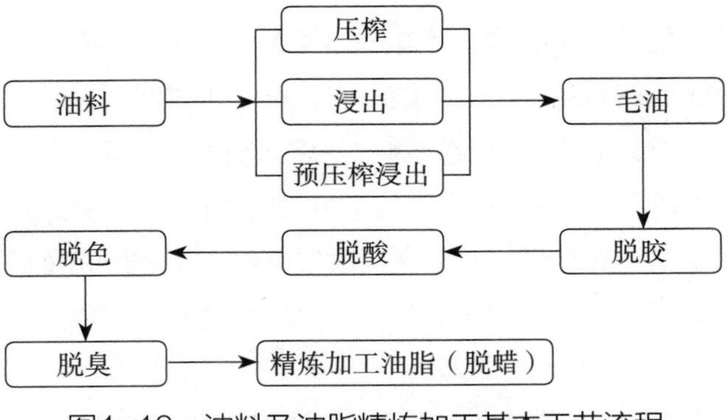

图1-16　油料及油脂精炼加工基本工艺流程

称为脱胶，由于胶溶性杂质主要是磷脂，所以也将脱胶称为脱磷。脱胶工艺又可分为水化脱胶法、酸炼脱胶法、吸附脱胶法、热聚脱胶法及化学试剂脱胶法等。目前水化脱胶法和酸炼脱胶法在油脂工业中应用最为普遍。

2．脱酸

脱酸是指脱除油脂中游离脂肪酸的工艺过程。脱酸的主要方法有碱炼法、蒸馏法、溶剂萃取法和酯化法，其中碱炼法和蒸馏法的应用最广。

3．脱色

大部分食用油脂均带有不同的颜色，但纯净的甘油三酯是没有颜色的，这是由油脂中含有的色素物质所导致，这些物质一部分是天然色素，如叶绿素、类胡萝卜素、黄酮色素等，另一部分是油料在精炼加工、储藏、运输过程中的蛋白质和糖类的分解产物等。由于不同种类植物油中的色素物质的种类和性质有所差异，所以不同植物油的脱色工艺也有所不同。油脂脱色的主要方法有吸附脱色法、氧化脱色法、加热脱色法和化学试剂脱色法等。其中吸附法是目前在实际生产应用中使用较为广泛的方法，其原理是将具有强吸附能力的表面活性物质加入待处理油脂中，吸附去除油脂中色素类物质及杂质，然后通过过滤分离吸附剂和杂质，从而实现油脂脱色的目的。

4．脱臭

油脂的主要成分甘油三酯与臭味成分的沸点不同，根据这一原理，在高温下真空蒸馏脱除臭味成分的加工过程即为脱臭。油脂的臭味成分包括油脂氧化产生的低分子醛、酮、游离脂肪酸和不饱和碳氢化合物等，另外，在油脂制取和精炼加工中，也会产生工艺性异味，如溶剂味、漂土味、焦煳味、肥皂味、氢化异味等，脱臭处理的目的就是清除这类引起臭味的物质。油脂脱臭不仅能够改善油脂风味，升高烟点，还能提高油脂的食用安全性、稳定性及油脂产品的品质。脱臭的方法有真空蒸汽脱臭法、加氢法、气体吹入法、化学药品脱臭法和聚合法等。真空蒸汽法是目前应用最广泛、效果最好的一种脱臭方法。

5．脱蜡

油脂中含有的蜡质，不仅使浊点升高、油品的透明度和消化吸收率下降，还会使气味和适口性变差，导致油脂的食用品质、营养价值及工业使用价值降低。油脂脱蜡通过冷却和结晶将油中含有的高熔点蜡与高熔点固体脂析出，再采用过滤或离心分离将其除去。通常所说的油脂脱蜡实际上包含两方面的意义，其一是将米糠油、葵花籽油、玉米油、红花籽油、小麦胚油等油脂中含有的高熔点的蜡除去，这些蜡本质上是C_{20}～C_{28}高级脂肪酸与C_{22}～C_{30}高级脂肪酸醇组成的蜡酯。其二是将油脂在储藏过程中产生的所有浑浊的固体成分除去，在这些固体成分中含有蜡、油的聚合物和饱和甘油三酯等成分。严格说，前者应称为脱蜡，后者称为冬化。

脱蜡方法多分为常规法、溶剂法、表面活性剂法、结合脱胶、脱酸法等，此外还包括凝聚剂法、尿素法、静电法等。虽然各种脱蜡方法所采用的辅助手段不同，但都是基于蜡与油脂的熔点差和蜡在油脂中的溶解度随温度降低而变小的性质，且脱蜡的温度都要求在25℃以下，才能达到一定的效果。

（二）食用油的适度加工

高度精炼的食用油，也就是超市里售卖的一级油适合作为凉拌油和色拉油。高级烹调油（二级油）等适度精炼食用油完全符合我国居民日常高温烹饪的特点。如今一级油在我国被广泛用于日常烹调，成为食用油消费的主要品种，二级油仅占食用油总量的3%。一级食用植物油外观清澈，但天然油脂营养伴随物（如脂溶性维生素、植物甾醇、角鲨烯等）损失严重。经过高度精炼，一级油中胡萝卜素和叶绿素大部分已被脱除，植物甾醇、维生素E、角鲨烯损失10%～50%，食用油的营养价值大幅度降低。过度精炼的食用油，就像把果汁加工成了纯净水。油脂过度精炼造成资源（脱色剂、酸、碱等）和能源（电耗、汽耗等）的浪费，增加油脂损失，加剧环境负担。油脂过度加工还伴生出新的食品风险因子，如反式脂肪酸、3-氯丙醇酯、缩水甘油酯等，同时导致食用油返色、回味和发膻现象频发。针对这一现象，近年来国内油脂专家提出了精准适度加工的概念，指出油脂伴随物具有独立于脂肪酸之外的重要营养价值；每种伴随物遵循各自机制在加工过程中发生迁移变化；精准适度加工以最大程度保留营养、减少风险为目标，依据伴随物的变迁规律对加工过程进行精确设计和精准控制。

三、人造奶油生产技术

天然奶油价格较高，现在蛋糕的普遍用油以极具可塑性的人造奶油为主，人造奶油或者起酥油需要用到经过分提的油脂，或酯交换油脂、氢化油脂作为基料油制备而成。

（一）分提

油脂分提是指根据甘油三酯的熔点与溶解度的差异，将性质不同的甘油三酯进行分级的一种技术手段（图1-17）。

棕榈油是目前世界上分提技术最为成熟的油脂（图1-18），不同分提阶段的不同组分都有广泛的用途，像棕榈液油可作油炸油，棕榈液油的分提物棕榈油中间组分软脂（Soft-PMF）可作人造奶油基料油，而对它再进行分提得到的棕榈油中间组分硬脂（Hard-PMF）则是制作类可可脂的理想原料，可以说分提技术让油脂做到了物尽其用。

（二）氢化

当人们提到氢化，首先会联想到饱和脂肪酸、反式脂肪酸，当看到食品中含有氢化油脂时，就会担心它的健康问题，甚至认为它是劣质产品、垃圾食品的代名词，真的是这样吗？先来看看氢化原理，油中加入镍金属微粒，然后高温加热，同时往油液中加入氢气。氢分子与不饱和脂肪分子中的碳碳双键发生加成反应将其变成饱和脂肪，形成氢化油脂。这样

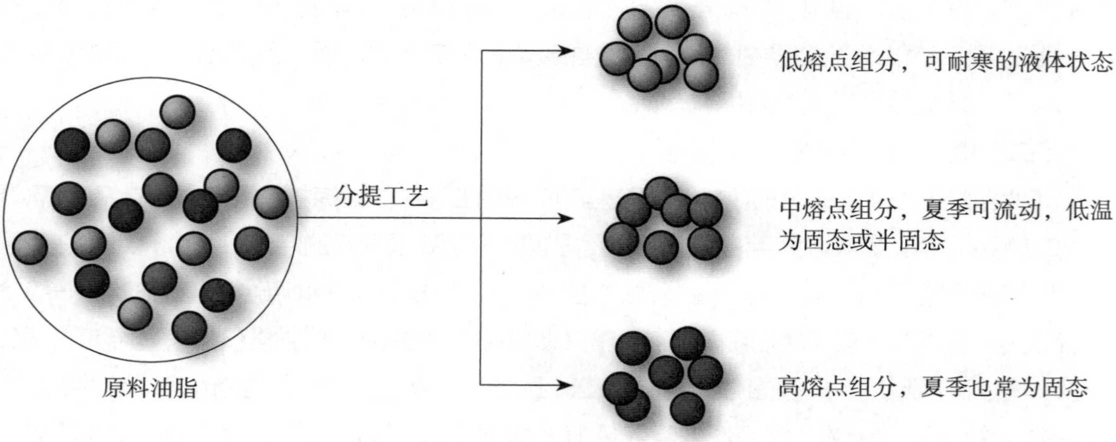

图1-17　分提技术示意图

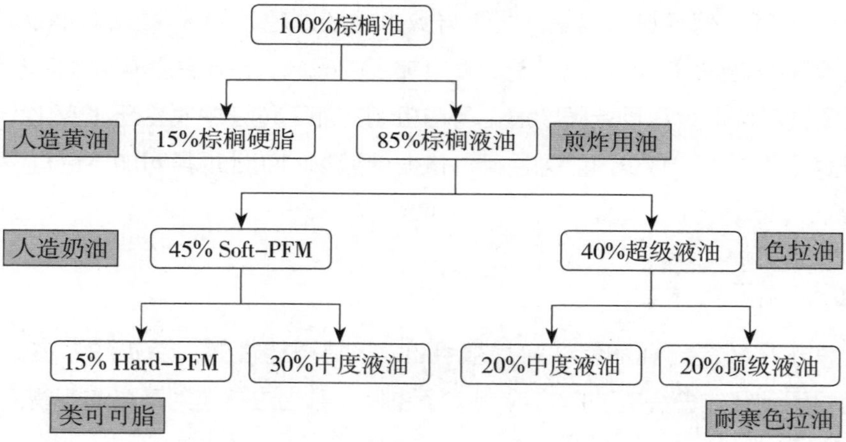

图1-18　棕榈油分提产物示意图

做的好处是由于常温下液态植物油中的不饱和脂肪酸容易氧化、不耐长时间高温烹调，氢化就能够提高油中脂肪酸的饱和程度，从而提高油脂的氧化稳定性（图1-19）。氢化技术有上百年的历史，最早是由威廉·诺曼（Wilhelm Normann）发明，并在1902年申请了专利。我国最早的氢化技术，最初是用来制作肥皂的。

但是加氢反应中，会发生异构化的副反应，产生反式脂肪酸。反式脂肪酸危害心血管健康，所以美国和欧洲一些国家已经从法律上禁止人造的反式脂肪用于食品加工，并且很多国家要求食品中要标识反式脂肪酸的含量。这也就是大家“谈氢化，听到反式脂肪酸色变”的原因。但是氢化油并不能和反式脂肪酸完全画等号。有一种氢化技术称为全氢化，是将油脂中所有不饱和的脂肪酸全部氢化为饱和脂肪酸，这种全氢化油脂几乎不含反式脂肪

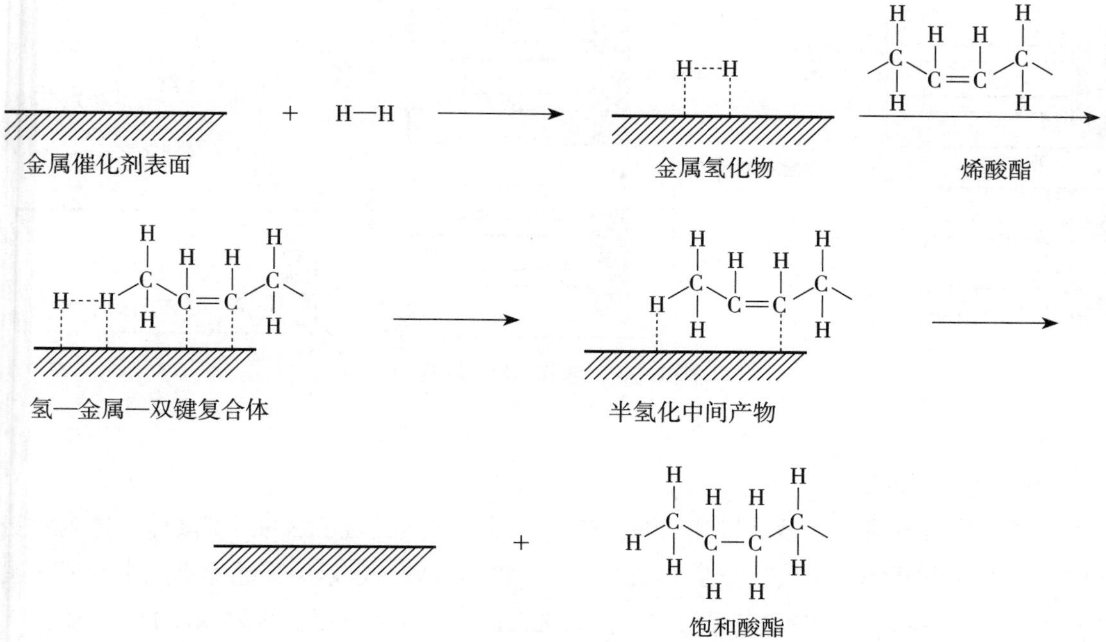

图1-19　加氢原理简图

酸，可以与其他植物油进行酯交换，转变成各类可以宣称为不含反式脂肪的食品专用油脂的原料。

（三）酯交换

酯交换技术相比上述两种技术兴起时间较晚。何为酯交换？以“酯酯交换”为例，简单地说就是催化反应通过改变甘油三酯中脂肪酸的分布，使得油脂性质，尤其是熔融结晶特性发生变化的方法，这种脂肪酸重新排布的反应可以发生在甘油酯分子内，也可以发生在不同甘油酯分子间，图1-20中灰色的竖长方形代表甘油骨架，不同横向长方形代表不同脂肪酸，酯交换可以让脂肪酸在不同甘油酯分子的脂肪酸在分子内和分子间实现重排。

利用酯交换改性的油脂同氢化油脂相比，异构体少，脂肪酸组成不变，只是改变了分布和位置，但是可以做到改变混合油脂熔点及固体脂肪温度分布范围的作用。酯交换油脂对于天然油脂来说，可以称得上是“特制油”，它不是纯合成，而是“再加工”，经过酯交换反应能够加工出可以满足多种使用目的的食品专用油脂，也可应用于类可可脂生产。

四、新型功能油脂结构脂质的生产和应用

结构脂质是将具有特殊营养或生理功能的脂肪酸结合到甘油骨架的特定位置，从而改变天然脂质中脂肪酸的组成和位置，最大限度地发挥各种脂肪酸生理功能和营养价值的新型脂质。下面介绍两种新型结构脂质：甘油二酯和中长链甘油三酯的生产和应用。

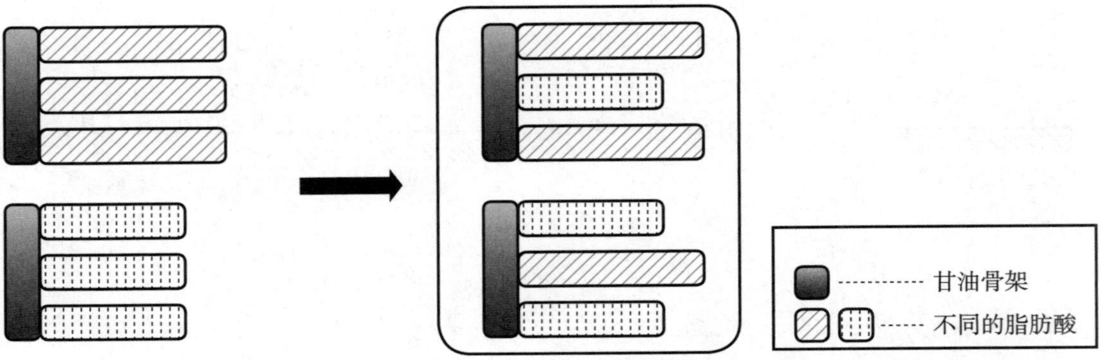

图1-20　酯交换示意图

（一）甘油二酯

天然食用油的主要成分是甘油三酯，甘油二酯是天然植物油脂的微量成分及体内脂肪代谢的内源中间产物，是公认安全（GRAS）的食品成分。在常见天然植物油中含量一般为1%~10%（表1-9）。甘油二酯，是一类甘油三酯中一个脂肪酸被羟基取代的结构脂质，甘油骨架上只有两个脂肪酸。膳食甘油二酯具有减少内脏脂肪、抑制体重增加、降低血脂的作用，因而受到广泛的关注（甘油二酯的营养价值请阅读第二章）。

表1-9　常见食用油中甘油酯组成　　单位：%

甘油酯	食用油						
	大豆油	棉籽油	棕榈油	玉米油	葵花籽油	橄榄油	菜籽油
单甘酯	—	0.2	—	—	—	0.2	0.1
甘油二酯	1.0	9.5	5.8	2.8	2.1	5.5	0.8
甘油三酯	97.9	87.0	93.1	95.8	96.0	93.3	96.8
其他	1.1	3.3	1.1	1.4	1.9	2.3	2.3

甘油二酯包括1，3-甘油二酯和1，2（2，3）-甘油二酯两种异构体，其中1，3-甘油二酯主要存在于食用油脂中，1，2-甘油二酯主要为油脂代谢中间产物，其结构如图1-21所示。

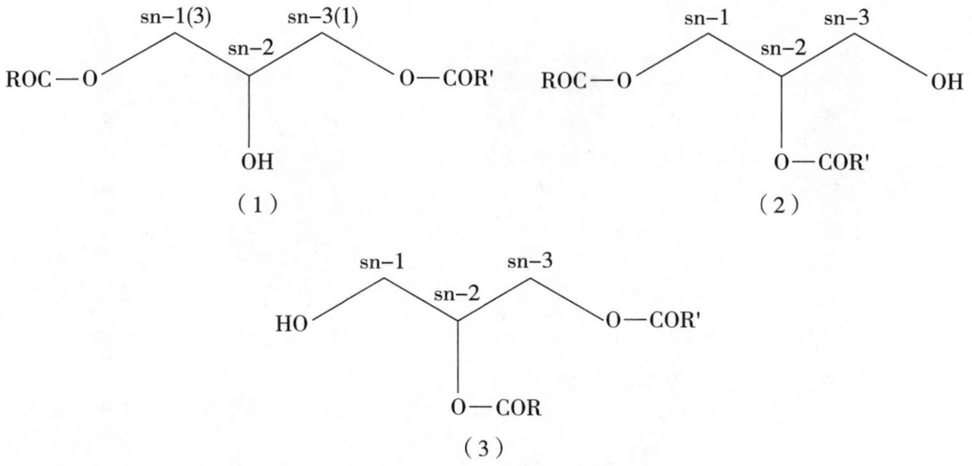

图1-21　甘油二酯异构体

（1）sn−1, 3−甘油二酯　（2）sn−1, 2−甘油二酯　（3）sn−2, 3−甘油二酯

1．甘油二酯的合成及纯化方法

合成甘油二酯主要的方法主要有甘油解、酯化和水解（图1-22），或者采用其中两种方法结合也可以合成。这些制备方法主要分为化学催化和酶催化。化学甘油解法经常被用于工业中，因为它能够生产各种具有不同物理性质的甘油二酯油产品，用于各种食品应用。通过化学甘油解法合成甘油二酯是在高温（210～260℃）下进行的，在大多数情况下，需要加入化学催化剂（如氢氧化钠、甲醇钠、氢氧化物、氧化镁等）。化学甘油解的一个缺点是碱催化剂的使用。这些催化剂需要在反应结束后中和或去除，因为它们会引起逆向反应，从而影响感官性能，如最终产品的肥皂味和颜色的不稳定性。此外，甘油解是在高温下进行的，这可能是该方法的另一个缺点。高温使热敏多不饱和脂肪酸变质，引起不良的酰基迁移副反应，使最终油品质量发生变化，使甘油二酯得率降低。

利用脂肪酶催化合成甘油二酯具有较化学法更温和的反应温度、酶的区域选择性和可重复利用性等优点。酶促甘油解、酯化、水解所需的反应温度范围分别为40～80℃、25～65℃、30～65℃。在温和的温度下合成甘油二酯，可以减少热敏性组分的劣化，降低生产成本，生产出得率高、纯度高的甘油二酯。酶法由于温和的操作温度降低了甘油酯的生产成本，使得酶促甘油解生产甘油二酯意义重大。一般产生的甘油二酯产量在20%～60%，经纯化后可达到80%以上的甘油二酯含量。该过程既可以在有溶剂的情况下进行，也可以在无溶剂的体系中进行。图1-23和图1-24分别是暨南大学油料生物炼制和营养创新团队应用于甘油二酯酶催化合成的鼓泡式反应器和固定床酶反应器简图。

甘油二酯合成以后通常需要纯化以提高甘油二酯的含量，或者去除游离脂肪酸等成分。常用的纯化方法包括分子蒸馏、柱层析、溶剂分离和超临界流体技术等。

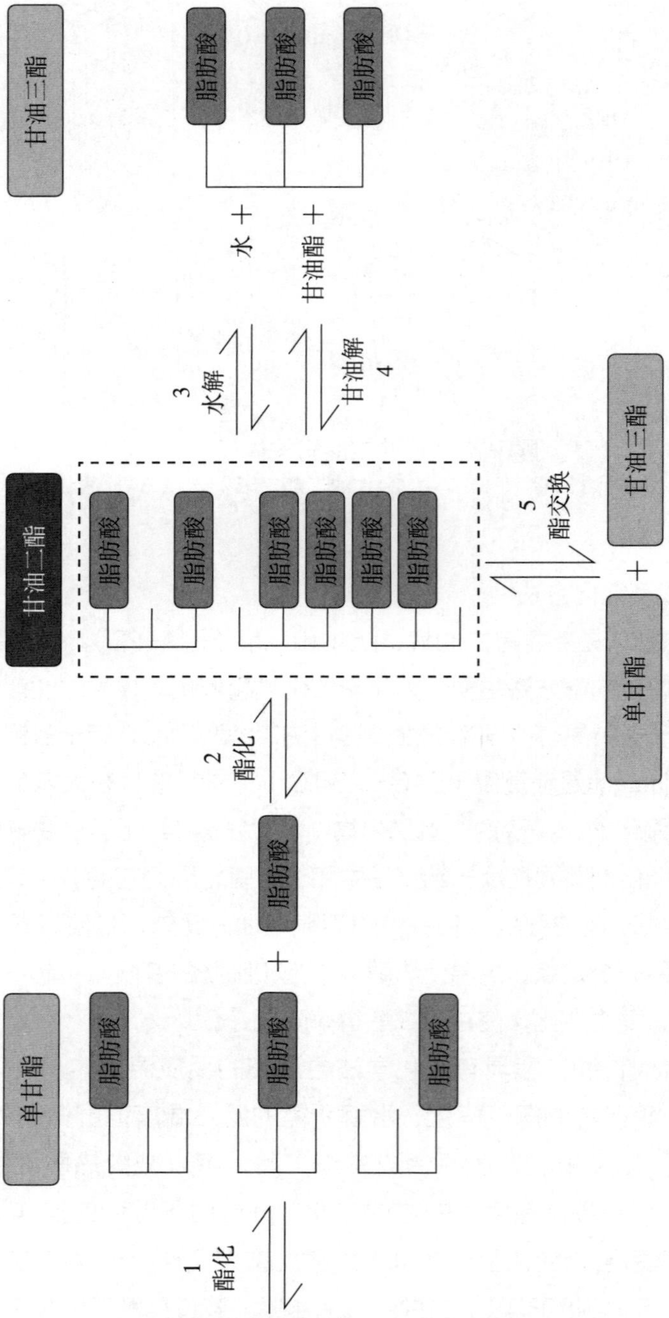

图1-22　甘油二酯的合成方法

1—脂肪酸与甘油的酯化反应　2—单甘酯与脂肪酸的酯化反应　3—甘油三酯与水的水解反应　4—甘油三酯与甘油甘油解反应　5—单甘酯和甘油三酯的酯交换反应。

注：虚线框内是3种类型的甘油二酯。

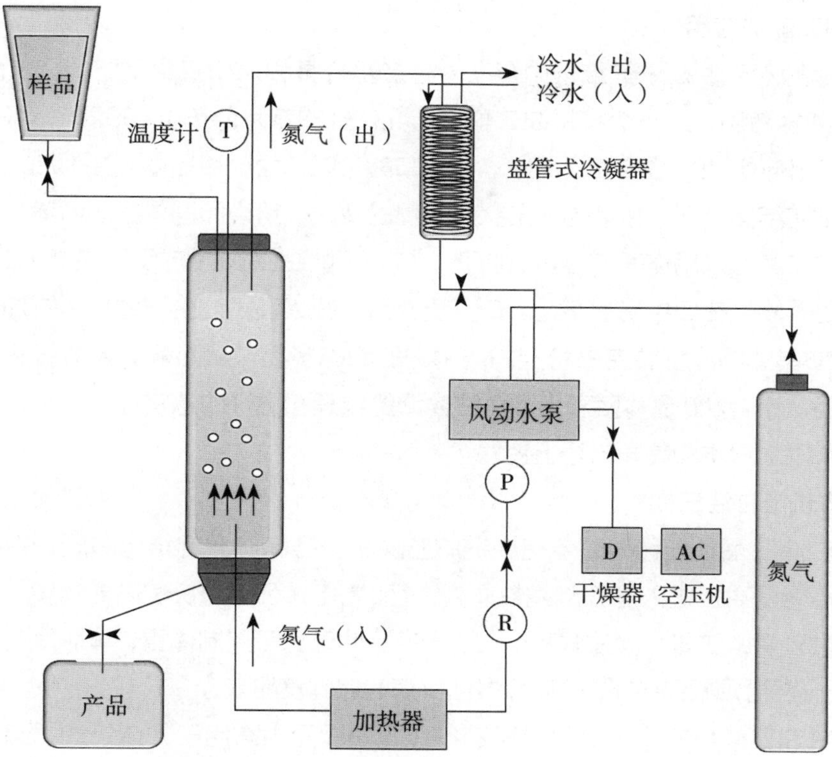

图1-23　酶法催化酯化反应设备——鼓泡式反应器

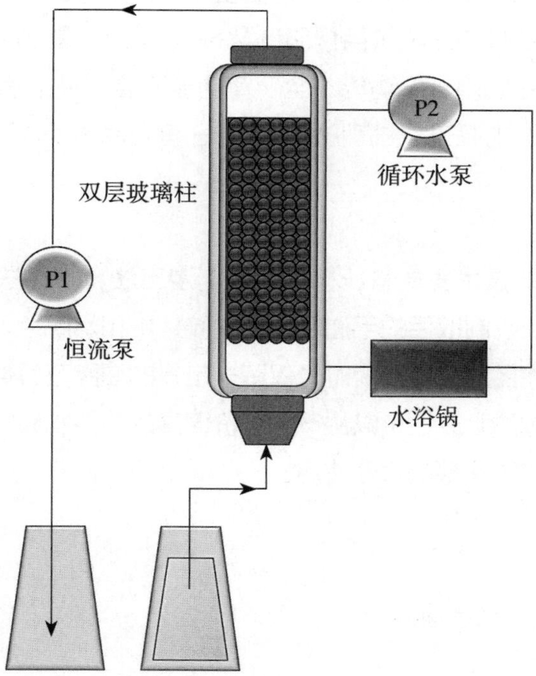

图1-24　酶法催化酯交换中试设备——固定床酶反应器

2. 甘油二酯的应用

甘油二酯的双亲性在于其结构中存在一个亲水羟基和两个疏水脂肪酸，从而稳定乳状液体系中的油/水液滴。第一个将甘油二酯用作乳化剂的专利公布于1992年，可用于搅打奶油、冰淇淋和咖啡奶油一些含油食品中。甘油二酯可以作为一种晶体改性剂加入到食品，能够调节各种脂肪结晶过程，包括晶体形状和数量的变化、熔点和固体脂肪含量。例如，在冰淇淋中，甘油二酯可以用作冰淇淋包衣脂肪，与可可黄油包衣脂肪相比，甘油二酯冰淇淋包衣脂肪质地更柔软，在口中迅速熔化、口感更丝滑。在人造黄油生产中加入甘油二酯能够通过抑制从β'到β晶体的晶型转变来稳定脂肪中的亚稳态多晶，从而解决人造黄油在储存期间的后硬化问题。小针状β'晶体赋予人造黄油光滑的纹理和更好的感官性能。富含甘油二酯的食用油已在我国、日本和美国市场上销售。

（二）中长链甘油三酯

中长链甘油三酯是一种同时含有中链脂肪酸和长链脂肪酸的结构脂质。中链脂肪酸由于不依赖肉毒碱而直接进入肝细胞线粒体内进行β氧化，可作为快速供能物质，长链脂肪酸可为人体提供必需脂肪酸（亚油酸和α-亚麻酸）。此外，可控制体重、体脂肪和改善载脂蛋白代谢，是一类兼预防和控制肥胖症等慢性疾病的保健食品。

中长链甘油三酯可应用于食品及医药行业，如食品中常用于人造奶油、起酥油及烹制用油。中长链甘油三酯可以椰子油、棕榈仁油和菜籽油为原料通过化学酯交换制备而得。其口味清淡，热稳定性强，适用于制作巧克力奶油蛋糕、糖果等。

在医药行业，中长链甘油三酯可用作脂肪乳剂。脂肪乳是一种静脉注射乳剂，被广泛应用于临床肠外营养，主要用于肝功能不全、肾功能不全、糖尿病酮中毒患者，体弱婴幼儿，危重病人等。中长链甘油三酯的脂肪乳剂可安全有效地为手术后病人提供能量。

五、小结

天然食用油脂的制取技术主要有压榨法、溶剂浸出法、水代法和熬煮法。每种油脂制取技术都有各自的优缺点。制取后的毛油要通过脱胶、中和、脱色、脱臭等精炼步骤，适度精炼可以在除去影响油脂品质物质的同时，保留一定量的油脂营养伴随物。现代油脂科技的发展是一把双刃剑，通过油脂改性可以生产营养价值高的功能脂质，但也容易产生一些危害健康的成分。任何技术和工具都应合理使用。

思考题

1. 芝麻油一般采用什么制油方法？

2．什么是甘油二酯？

3．什么是中长链甘油三酯？

4．为什么提倡食用油适度精炼？

第二章
油与美体健康

食用油脂与我们的健康生活息息相关，除了能够赋予食品色、香、味外，还可为人体提供热量和必需脂肪酸。随着生活和消费水平的逐渐提高，肥胖、现代文明病的发病率也逐渐增加，这都与高营养、高脂肪食物的大量摄入有关。除了日常生活中常见的食用油脂，一些功能油脂反而与健康、减肥有关，利用这一特点可设计减肥瘦身饮食方式。因此，了解油脂的功能以及与健康的关系对我们日常选择油脂及健康饮食具有重要的指导作用。本章将分七节对油脂与健康的关系及如何科学选择食用油进行介绍。第一节油脂与肥胖将介绍导致肥胖的主要原因，以及如何科学减肥；第二节油与减肥，介绍椰子油减肥法、流行的生酮饮食以及功能性油脂在其中的作用；第三节油与心血管健康，主要探讨了脂肪酸种类与心血管疾病的关系；第四节必需脂肪酸与人体健康，主要介绍必需脂肪酸的种类、比例与疾病如炎症和“上火”的关系；第五节食用油的营养特点，主要介绍日常天然动、植物油及藻类油的营养成分；第六节食用油安全，主要介绍常见天然油脂和加工油脂的安全问题；第七节科学选择食用油，介绍如何科学合理地选择食用油才有助于健康。通过本章的介绍，读者将更加全面地了解油脂摄入与减肥、心血管疾病、炎症等的关系，合理选择膳食油脂，做到健康饮食。

第一节 油脂与肥胖

一、脂肪的功能

油脂是维持人体生命活动所需的三大营养物质之一，占人体体重的10%～20%，是重要的储能和供能物质，氧化后生成二氧化碳和水，并放出热量。每1g油脂能够提供9kcal的热量（1kcal=4.18kJ），约为等量蛋白质或碳水化合物的2.25倍。油脂的主要功能如下。

（1）重要的能量来源和能量储备物质。脂肪在人体代谢产能较高，摄入脂肪含量较高的食物，能够更好地供能，产生饱腹感。皮下脂肪还可作为绝热体，抵御寒冷。

（2）保护内脏和器官。脑神经、肝脏、肾脏等重要器官中的脂肪能够固定脏器，缓冲机械冲击，保护内脏器官。皮脂腺分泌的脂肪还可防止皮肤干裂，有滋润皮肤的作用。

（3）赋予食物良好的口感。作为食品加工的传热介质，油脂可赋予食品理想的质地、外观色泽、风味和口感。

（4）构成生物膜的重要组成成分。生物膜本身是磷脂双分子层结构，还含有胆固醇和糖脂等。膜上许多酶蛋白均与脂类相结合以发挥生理功能。磷脂还是构成大脑神经组织和脊髓的重要物质。食物中的磷脂被机体消化吸收后释放出胆碱，随血液输送至大脑，与乙酰辅酶A结合产生神经递质——乙酰胆碱。

（5）提供必需脂肪酸。必需脂肪酸是指对维持机体功能必不可缺，但机体不能合成、必须由食物提供的脂肪酸，包括以α-亚麻酸为代表的n-3多不饱和脂肪酸和以亚油酸为代表的n-6多不饱和脂肪酸。它们是合成某些生物活性物质的重要前体，与视力、大脑发育等密切相关。

（6）作为脂溶性维生素和生物活性物质的载体。磷脂，植物甾醇，类胡萝卜素，谷维素，维生素A、维生素D、维生素E、维生素K等脂溶性物质必须溶解在油脂中才能被吸收。

（7）调节肠道生态菌群，改善肠道微环境。短链的饱和脂肪酸如黄油中的丁酸，具有预防和抑制结肠癌、抗炎、抗氧化、修复肠黏膜防御等作用。短链脂肪酸还是肠道菌群发酵膳食纤维的代谢产物，能够调节和改善大肠功能。

丁酸

丁酸是丁酸梭菌的主要代谢产物。丁酸梭菌最初从健康人体粪便中分离得到，利用丁酸梭菌可开发药物、食品、饲料等，用于调节肠道微生态、抗炎、抗氧化、增加机体免疫力。

二、高脂食品摄入与肥胖率

我国民族众多，地域广阔，食物品种和资源十分丰富。中华饮食传承了数千年的饕餮文明，形成了风格迥异、菜系多样的特点。水煮肉片、鱼香茄子、豉油鸡等美味菜肴具有共同的特点就是较高的用油量。为追求菜肴的香味使得烹饪中的动物油用量较大，烹调多采用煎炸的方式，食物中的含油量超标。世界卫生组织（WHO）推荐，每人每天摄入油脂量为25g，实际上我国城市居民目前每人每天的油脂的消费量已达50g。

随着现代生活节奏的加快和多元文化的发展，快餐文化逐渐盛行。洋快餐是西方现代饮食文化的产物，其典型特点是三高三低（高热量、高脂肪、高钠，低矿物质、低维生素、低膳食纤维）。现阶段充斥市场的加工食品也是肥胖发病率上升的罪魁祸首。炸薯条、甜甜圈、蛋糕、饼干、热狗等食物中含有大量的隐性脂肪，且多为动物脂肪、氢化植物油等，也同时具有高糖、高盐的特点，过量食用容易导致肥胖及各种慢性疾病发病率的上升。

肥胖已成为世界性的流行病。WHO统计结果表明，目前全球至少有10亿成年人超重，3亿人肥胖。世界肥胖联盟将每年的3月11日设定为世界肥胖日，以期“领导和驱动全球力量来减少、预防和治疗肥胖症”。近年来，我国肥胖现象呈爆炸式增长，据2016年《柳叶刀》医学期刊的数据，中国的肥胖人口已接近9000万，其中男性4320万，女性4640万。我国肥胖人口在数量上已经超过美国，跃居世界第一。

三、肥胖产生的原因与危害

肥胖症本身是一种多因素引起的慢性代谢性疾病，是指机体内热量的摄入大于消耗，造成体内脂肪堆积过多而引起的体重超常。肥胖的形成受到遗传和环境等多种因素相互作用的影响，还与生活方式、摄食行为、嗜好、气候及社会心理因素相互作用有关。人类和动物下丘脑中存在与摄食行为有关的神经核，相关病理性的创伤疾病也会导致食欲亢进而引起肥胖。另外，内分泌因素也会影响脂肪代谢，如甲状腺素、胰岛素、糖皮质激素等能够调节摄食。胰岛素分泌增多，可刺激摄食增多，抑制脂肪分解，引起体内脂肪堆积。雌激素与脂肪合成代谢也有关系，雌激素缺乏会增加患脂肪代谢紊乱相关疾病的风险。肾上腺皮质功能亢进时，皮质醇分泌增多，促进糖原异生，血糖增高，进而刺激胰岛素分泌增多，促进脂肪合成。

（一）肥胖的评价标准

平田公式是亚洲人计算体重标准的常用公式。公式为：［身高（cm）−100］×90%=标准体重（kg）。根据公式，当体重超过标准体重的10%时，称为超重；超出标准体重20%，称为轻度肥胖；超出标准体重30%时，称为中度肥胖；当超过50%时称为重度肥胖。

另一个评价指标是体质指数（Body Mass Index，BMI）。BMI=体重（kg）/［身高（m）］^{2}。BMI是目前国际上常用的衡量人体胖瘦程度以及健康水平的一个标准。BMI≥24意味着体重超重，而BMI≥28意味着肥胖。肥胖常见有两种类型，当脂肪囤积在臀部和大腿时，称为梨形肥胖，常见于女性；当脂肪堆积在胸腹部时，称为苹果形（中心性）肥胖，也就是我们常说的“将军肚”，常见于男性。根据国际糖尿病联盟的向心性肥胖的标准，中国成人男性的腰围≥90cm，女性的腰围≥80cm时为内脏型肥胖，即向心性肥胖（或腹型肥胖）。

（二）肥胖的危害

世界卫生组织称肥胖为“21世纪最严重的公共健康挑战之一”，与肥胖随之而来的是各种慢性代谢病。腹型肥胖者患并发症的危险要比全身肥胖者更高，过多内脏脂肪会限制流向人体重要器官的血流，导致患心脏病、高血压、2型糖尿病等疾病的风险显著提升。

肥胖肚皮下的网膜脂肪与一般皮下脂肪代谢途径不同，代谢过程会产生更多的游离脂肪酸，造成血液中胰岛素水平过高，产生胰岛素抵抗，容易进一步导致2型糖尿病。有研究发现，我国人群腹型肥胖者的糖尿病发病风险比非腹型肥胖者高约140%，腹型肥胖程度越大，糖尿病发病风险越高。在正常腰围基础上，腰围每增加1cm，糖尿病发病风险增加6%。2019年6月发布的《国务院关于实施健康中国行动的意见》指出，我国是糖尿病患病率增长最快的国家之一。

腹型肥胖

腹型肥胖患者的腹部脂肪细胞不仅是一个能量储备器官，还是一个分泌器官，能分泌大量的促炎因子，直接或间接地参与炎症反应或代谢综合征的发生。

肥胖还容易导致脂肪肝。脂肪肝是以肝细胞脂肪变性和脂肪堆积为特征的综合征，肝脏是合成脂肪的重要场所。肝细胞能合成脂肪，但不能储存脂肪，合成后与载体蛋白和胆固醇等结合成极低密度脂蛋白，入血运到肝外组织储存或加以利用。若不能及时转运出所合成的甘油三酯，则形成脂肪肝。正常人肝内总脂量约占肝重5%。而患脂肪肝者，总脂量可达40%～50%。脂肪肝缺乏特异的临床表现，重度脂肪肝病人可以有腹水和下肢水肿，出现维生素缺乏等症状，脂肪肝还能够使人体免疫力低下，是肝脏纤维化和肝硬化的过渡阶段，也是孕育心血管疾病的温床。我国肝硬化患者正呈现年轻化趋势，20～40岁年龄人群患病率已达20%以上。过量饮酒，饮食过于丰盛，缺乏运动均是脂肪肝的诱因。

肥胖患者容易伴有高血压，进一步发展可导致心脏病和肾脏衰竭。体内脂肪的增加同时是导致阻塞性睡眠呼吸暂停综合征的主要危险因素之一，而长时间的呼吸暂停容易引发猝死。

四、油脂的代谢

要了解高脂饮食如何引起肥胖，首先需要了解生物体内脂肪的代谢途径，即脂肪合成与分解过程（图2-1）。脂类在动物体内的消化主要是在小肠内进行，主要成分为甘油三酯

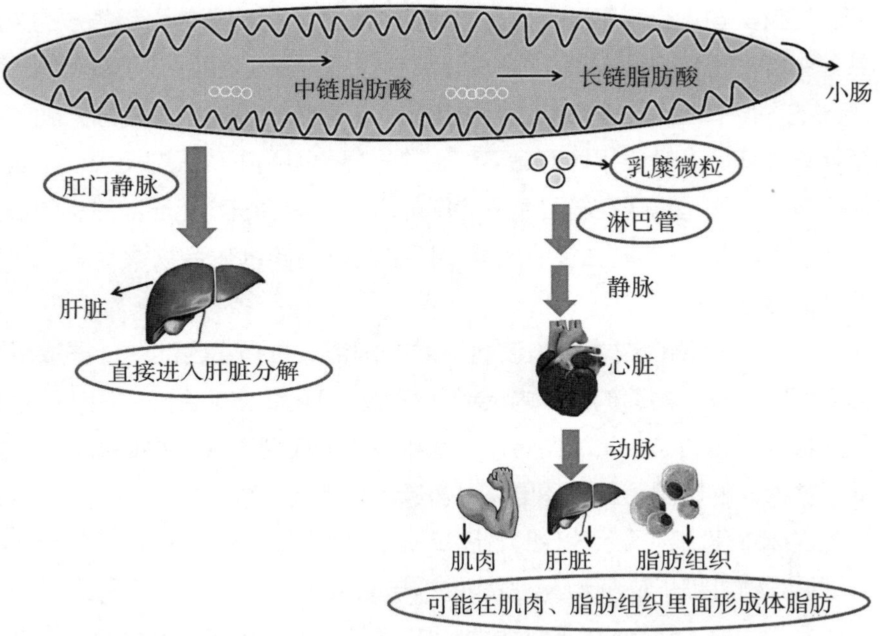

图2-1　不同链长脂肪酸的代谢途径

的油脂进入内环境接近中性的小肠，肝脏分泌的胆汁将脂肪乳化，分散成小液滴，之后由胰腺分泌的脂肪酶水解为甘油和脂肪酸被人体吸收利用。其中中链、短链脂肪酸构成的甘油三酯乳化后即可吸收，经由门静脉入血；长链脂肪酸构成的甘油三酯与载脂蛋白、胆固醇等结合成乳糜微粒，最后经由淋巴入血。当乳糜微粒状甘油三酯不能被作为能量立即使用就会在体内堆积，形成脂肪。

脂肪肝的防治

豆制品、枸杞、山楂、绿茶、胡萝卜等食物对脂肪肝有一定防治作用。

甘油三酯的分解代谢又称脂肪动员，在脂肪细胞内激素敏感性甘油三酯脂肪酶作用下，脂肪被分解为脂肪酸及甘油并释放入血供其他组织氧化。甘油在甘油激酶作用下转变为3-磷酸甘油，进一步转化为磷酸二羟丙酮，经糖酵解或有氧氧化供能，或者转变成糖；而脂肪酸在血液中与清蛋白结合转运入各组织经β氧化供能。在氧供充足条件下，脂肪酸可分解为乙酰辅酶A（CoA），彻底氧化成二氧化碳和水并释放出大量能量。

五、低脂饮食与低碳水化合物饮食

1977年，美国参议院的一个特备委员会起草了一份报告，以美国前总统艾森豪威尔心脏病猝死为例，建议美国人少吃脂肪，以碳水化合物替代，这份报告引起各方的关注，最终促使美国公共卫生部门出台系列政策，鼓励食品制造商研发低脂食品，于是美国人日常饮食中的脂肪从当时的42%降至现在的34%。但结果并不理想，近40年来美国人肥胖率仍逐年攀升，心血管疾病发病率上升，平均寿命下降，这一现象引起不少人的反思。事实上，脂肪摄入并非是越少越好，而是需要在符合营养均衡的基础上减少日均脂肪和热量的摄入。

虽然高脂饮食是造成肥胖最主要的因素，但是否以高碳水化合物饮食来代替高脂肪饮食就能达到减肥的效果呢？

事实上，糖在人体脂肪合成中也扮演着重要的角色。谷物富含淀粉，摄取后被淀粉酶消化，转化为葡萄糖吸收，葡萄糖在体内经糖酵解和糖氧化转化为合成甘油三酯所需的甘油和脂肪酸，从而合成饱和脂肪。从糖类转化的饱和脂肪酸还会干扰必需脂肪酸的正常生理功能，增加患退行性疾病的风险。当人体摄入过多碳水化合物，胰岛素分泌增加，身体开始加快储存脂肪，而当碳水化合物摄入较少时，胰岛素水平下降，身体则开启燃烧脂肪模式。

2017年，顶级医学期刊《柳叶刀》发表的报告研究了来自18个国家的约13.5万人，寻找脂肪和碳水化合物的摄入量与心血管疾病和死亡率的关系。研究指出高脂饮食并没有增加死亡率，且碳水化合物并不是“越多越好”，精加工的碳水化合物不利于健康。而美国斯坦福大学医学院干预研究中心的后续研究发现，低脂饮食与低碳水化合物饮食的个体间体重变化没有显著差异。

其实无论是脂肪还是碳水化合物，数量都不如质量更重要。对于脂肪来说，不饱和脂肪要远比饱和脂肪健康。对于碳水化合物来说，则应该尽量避免吃精加工的碳水，优先摄入低升糖指数，也就是血糖生成指数（GI）<55的食物。糙米中的膳食纤维等可降低血液中甘油三酯的浓度，延迟饭后葡萄糖吸收速率，增强饱腹感（表2-1）。

表2-1　常见高、中、低血糖生成指数食物对照表

食物种类	低血糖生成指数食物（GI<55）	中血糖生成指数食物（55≤GI<70）	高血糖生成指数食物（GI≥70）
蔬菜类	菠菜、海苔、海带、豆芽、大白菜、小白菜、黄瓜、生菜、蘑菇	芋头	胡萝卜、南瓜
水果类	樱桃、柚子、草莓、生香蕉、木瓜、苹果、梨	熟香蕉、芒果、猕猴桃	枣、菠萝、龙眼、荔枝、西瓜
五谷类	粉丝、藕粉、荞麦、黑米、通心粉	鸡蛋面、乌冬面、面包、麦片、玉米	油条、烙饼、面条（纯小麦粉）、糯米粉、白米饭
糖及糖醇类	木糖醇、果糖	乳糖、巧克力、蔗糖	白糖、葡萄糖、麦芽糖

资料来源：《中国食物成分表：标准版（第6版）》。

影响GI的因素

除了食物种类，还有很多影响GI的因素。单糖的GI高于多糖，支链淀粉GI高于直链淀粉；较大颗粒的食物延缓了消化吸收，GI略微降低，而加工越细，烹调时间越长的原料GI越高。

六、产热脂肪与瘦素

脂肪作为防治肥胖与代谢性疾病的重要组织靶点，分为储存能量的白色脂肪以及产热并消耗能量的棕色和米色脂肪（图2-2）。白色脂肪堆积在皮下，负责储存多余热量；我们常见的镶嵌在牛排上具有大理石般纹理的白色纹路，即为白色脂肪（White Adipose Tissue，WAT）。每个成人体内，大约含有300亿个白色脂肪细胞，每个细胞中都含有三酰甘油酯也称脂肪球，当脂肪球量变大，脂肪细胞体积就扩增，造成肥胖。白色脂肪细胞为单泡脂肪细胞，90%细胞体积被脂滴占据，为了储存足够的脂质，脂肪细胞体积最多能增加1000倍。

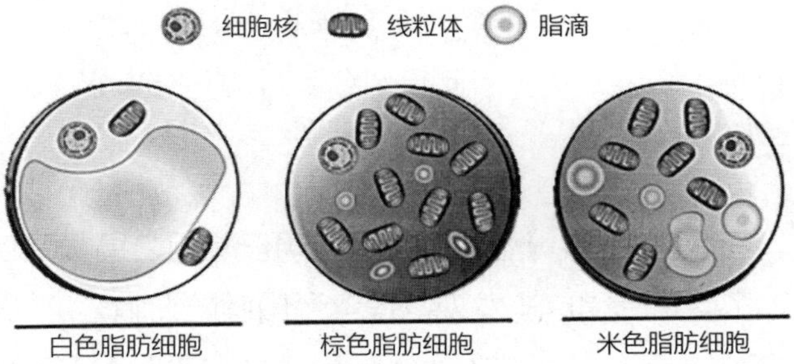

图2-2　脂肪细胞的三种类型

棕色脂肪组织（Brown Adipose Tissue，BAT）由棕色脂肪细胞组成，棕色脂肪细胞属于多泡脂肪细胞，体积小，却含有大量线粒体，是一个热量的小型加工站，被称为“开启肥胖及健康调控的开关”，可将引发肥胖的白色脂肪分解，转化成二氧化碳、水和热量，促进白色脂肪消耗，从而加快人体新陈代谢。典型的棕色脂肪细胞聚集在啮齿动物的肩胛间区和肾周区，具有丰富的神经支配和血管供应。

米色脂肪细胞（Beige Adipocyte）是从成人体内分离出的一种燃烧能量的脂肪细胞，富集在皮下脂肪中，在静息态表现出白色脂肪细胞的特点，而在寒冷和β3肾上腺素刺激条件下又表现出棕色脂肪细胞的特质，因而具有极大的可塑性。这一类型的脂肪的特点是可以燃烧热量，而不是将它们储存起来。

近年来的一些研究表明米色脂肪细胞可能是治疗肥胖症和糖尿病及相关代谢紊乱的重要靶点。生理或病理条件下，白色脂肪细胞数量异常增多，胞内脂质过多积累，或棕色和米色脂肪产热功能降低导致能量消耗异常减少，以上因素均可以导致肥胖。

棕色脂肪在婴儿体内含量较多，随着年龄的增长人类肩胛间棕色脂肪组织逐渐缩小。成年人体内棕色脂肪数量因人而异，这就是为什么有些人吃的很多也能保持苗条身材，有些人“喝水也会长胖”。

研究发现，成年人体内的棕色和米色脂肪含量与机体能量代谢呈正相关关系，而与身体质量指数（BMI）和血糖呈负相关，所以，棕色和米色脂肪不仅不会导致肥胖，相反具有减肥功效。随着人们对棕色和米色脂肪的逐渐认识，通过激活棕色和米色脂肪可为改善肥胖和相关代谢紊乱提供新的治疗方法。

研究发现寒冷刺激、运动和应激导致的肾上腺素刺激、褪黑素刺激能够促进米色脂肪转化为棕色脂肪，人体内最多可以激发出约85g棕色脂肪。这些棕色脂肪可以帮助人体每天多消耗400～500kcal热量。

睡眠与减肥

研究表明，褪黑素刺激具有减肥的作用，原理也是促进米色脂肪棕色脂肪化。褪黑素分泌与色氨酸摄入量和光线刺激有关，因此保证色氨酸的充分摄入，以及充分的睡眠时间也能促进米色脂肪向棕色脂肪转化。

除了产热脂肪外，瘦素（Leptin）也被认为是“明日减肥之星”。1994年12月在《自然》期刊上，弗里德曼发表了瘦素基因这一发现。瘦素是由脂肪细胞分泌的一种带有激素性质的蛋白质，而调控瘦素合成的基因，也称之为瘦素基因（又称肥胖基因）。瘦素分泌增加可通过中枢神经系统作用引发一系列的反应，如食欲减退，摄食减少，能量消耗增加，脂肪合成受到抑制，交感神经功能加强。

然而有时肥胖与瘦素之间却似乎呈现一种正相关关系，肥胖越严重，血清瘦素反而越高。为什么此时瘦素并没有使肥胖人群停止进食呢？主要是由于肥胖症患者体内存在“瘦素抵抗”。

2002年，剑桥大学和美国国立卫生研究院（NIH）在两个独立进行的临床实验中证明，注射重组瘦素蛋白能够治疗先天性瘦素缺陷症，患者的脂肪水平、肝脏功能、血脂水平、糖尿病症状等都被有效控制。作为药物，瘦素蛋白是有效的，但是在治疗更具广泛意义的肥胖症时，效果却非常有限，各种瘦素药物的研发也未获成功。这是由于大多数肥胖症都是各种内外因素共同作用的结果。瘦素受体功能下降导致的瘦素抵抗才是问题的关键。

瘦素通过下丘脑的瘦素受体传达信息，将外周摄食信号反馈至中枢，大脑响应信号，降低饥饿感，加快能量代谢。当人体开始长期稳定地制造和储存过量的脂肪，血液中瘦素水平也会随之上升到更高的水平。大量的瘦素分子意味着对瘦素感受器（也就是瘦素受体）产生持久和高强度的刺激，为了避免这一刺激带来的伤害，身体采取了一种“瘦素抵抗”的策略，即对瘦素分子的敏感性降低。出现瘦素抵抗后，大脑“看不到”这些瘦素，发出饥饿信号，引起过度进食，进而陷入恶性循环。

虽然瘦素的发现被誉为是本世纪肥胖病因学的重大突破，但对肥胖症患者来说，“瘦素抵抗”却使得减肥成为极大的难题，人体出现“瘦素抵抗”多与长期高脂、高糖、高蛋白饮食有关，高脂饮食诱导下丘脑内神经元产生更多的基质金属蛋白酶-2（MMP-2），这种酶会切割人体内的瘦素受体，破坏瘦素的信号通路。

缓解瘦素抵抗

瘦素抵抗类似于胰岛素抵抗，要做的是恢复大脑对瘦素的敏感性，需做到少吃精制糖和加工食品，增加鱼油等富含*n*-3脂肪酸的油脂摄入，减缓炎症，多摄入水溶性膳食纤维，保证睡眠时间以及足够的运动量，降低身体血脂。

研究者发现高脂饮食会增加小鼠脑部肥胖基因*RAP1*的活性，导致对瘦素的敏感性下降从而发生肥胖。脑部*RAP1*参与的这条新路径可能代表了一个潜在的治疗靶点，未来有望用于人类肥胖的治疗。

七、科学燃烧热量

“楚王爱细腰，宫中多饿死”，出自《墨子·兼爱中》。楚灵王喜欢纤细的腰身，所以朝中的士大夫，唯恐自己腰肥体胖，失去宠信，因而不敢多吃，每天仅吃一顿饭瘦身。等到第二年，满朝文武官员脸色都是黑黄的了。而现今“以瘦为美”的主流审美，也使许多人开始实施节食减肥法。

然而，科学的减肥方式从来不提倡节食减肥，对大量减肥人群的调查发现，多数减肥反弹人群都是采取过极端手段减肥的人群。节食还会导致体重急剧下降，皮肤松弛缺乏弹性、脱发、骨质丢失，身体的免疫力下降，内分泌失调，而长期节食使胃肠道处于长期饥饿状态，引起胃肠功能紊乱，出现慢性胃炎、胃溃疡、胆囊结石、肠道菌群失调、营养不良等疾病。因此，只有合理的运动和均衡的营养结合起来才是科学的减肥方法，在减少外源脂肪和碳水化合物摄入的同时，增加内源脂肪的消耗，也就是控制饮食，适当运动，做到“管住嘴、迈开腿”。

（一）控制饮食

控制饮食的关键是限制能源物质摄入，保证适量的蛋白质摄入，同时做到低脂肪、低糖摄入，并满足充足水分、维生素、矿物质的供给。减肥期间的日常饮食量控制应结合个体初始饮食量、肥胖程度及体重的变化情况而定，每日三餐饮食量应合理安排。同时，细嚼慢咽能促使血糖升高，大脑会及时发出停止进食的信号，避免因饮食过量引起肥胖。研究发现，若肥胖男子慢食19周，体重可减轻4kg，肥胖女子慢食20周，体重可减轻4.5kg。在具体食物的种类方面，应适当减少面食、馒头、米饭、油脂及肉类等能源食物的量，保证蔬菜、水果的供应。才能既取得理想的减肥效果，又不会因节食而损害身体健康。

（二）适当运动

除了控制饮食，减肥最适宜的运动形式是以有氧供能为主的有氧耐力运动。慢速长跑是消耗热量最多、减肥见效最快的项目，而最经济、简单、有益、安全的有氧代谢运动是快步走。全身减肥的运动强度可采用中低强度，把心率维持在最高心率的60%～70%（最高心率=220－年龄）。有氧代谢运动则至少要维持30分钟以上，同时形成运动习惯化和运动生活化。

健身达人经常关注一个指标称为“体脂率”，体脂率是指脂肪质量占身体质量的百分比。可通过生物电阻抗分析。正常男性有3%～4%的体脂是必需脂肪，女性则有10%～12%的脂肪是必需脂肪。低于这个标准，会影响健康。男性体脂高于25%、女性高于35%属于肥胖。但是，健身房里一些看上去很壮实的男生在体检时有时也会被查出轻中度的脂肪肝，或具有较高的体脂和炎症水平。这类人群也被称为“瘦胖子”，该人群患糖尿病和心血管疾病的风险也很高。此类“正常体重肥胖”群体，也就是身体质量指数（BMI）正常、肌肉不足、体脂率超标人群数量正在悄然上升。瘦胖子要想减肥，在健身、保持规律运动的同时控制饮食，增加蛋白质的摄取，减少脂肪、碳水化合物的摄入，才能达到理想的塑身效果。

增肌与减脂

增肌还是减脂？是很多健身人群存在的困惑，事实上，两者都需要做，增加力量训练，合理的有氧运动量，适当能够维持体重的总热量摄入，能在最大化减脂的同时减少肌肉的流失，摆脱“瘦胖子”状况。

八、小结

随着人们对健康的逐渐重视，苗条的身材和健康的饮食已经成为越来越多人们的追求，控制饮食，均衡营养，适当的有氧代谢运动，才是我们应该秉承的科学减肥方法。

高脂饮食及过量摄入碳水化合物都是引起肥胖的元凶。通过激活人体内能够燃烧能量的脂肪细胞，如棕色和米色脂肪，可为改善肥胖和相关代谢紊乱提供新的治疗方法。肥胖症患者体内存在的“瘦素抵抗”多与长期高脂、高糖、高蛋白饮食有关，已成为肥胖症患者减肥面临的难题。研究肥胖基因的代谢路径可能成为未来治疗肥胖病的解决方法。

思考题

1. 谈谈中链和长链脂肪酸的吸收有哪些不同点。
2. 说说你对糖和脂肪与肥胖关系的看法。
3. 如何根据食物的热量和血糖生成指数来设计每日塑身减肥食谱？

第二节　油与减肥

一、椰子油减肥法

在一期综艺节目中，女嘉宾介绍医生为她推荐喝椰子油减肥，超模靠每天喝4勺椰子油保持身材。她们所用的减肥方法就是椰子油减肥法。生活在热带的人们，身材多比较匀称，即源于他们饮食中含有丰富的椰子油（图2-3）。

图2-3　椰子油

（一）食物热效应

在了解椰子油减肥的原理之前，首先要了解“食物热效应”，它是减肥必不可缺的一部分。食物热效应是指进食后的咀嚼及消化吸收过程引起的热量消耗。一般而言，碳水化合物和脂肪的食物热效应仅5%左右，而蛋白质的食物热效应高达30%，所以膳食中增加蛋白质类食物，能够增加能量消耗。而脂肪中唯有椰子油具有和蛋白质类似的食物热效应，故膳食中加入椰子油同样能促进能量消耗。

（二）促进减肥的脂肪——中链甘油三酯

椰子油享有世界天然低热量脂肪的美誉，主要是由于它含有50%以上的中链脂肪酸——月桂酸。中链脂肪酸在日常摄取的食物中以中链甘油三酯（Medium-Chain Triglycerides，MCT）的形式存在。MCT是对人体健康和体脂代谢具有重要意义的饱和脂肪，自然界中MCT来源较少，主要存在于椰子油、棕榈仁油、母乳、牛乳及其制品中，一般脂肪酸分子中含有8～12个碳原子，相对分子质量小，水解速度快，更容易被人体消化、吸收和代谢，不会在体内积蓄，而是通过“燃脂生酮”代谢产能模式促使体内脂肪“燃烧”，产生饱腹感，这就是食用纯鲜椰子油减肥的原理。

MCT在体内消化代谢的速率与葡萄糖相当，且产生的能量是葡萄糖的2倍，能诱发较强的食物产热效应，促进能量消耗，减少脂肪积累。长期食用富含中碳链饱和脂肪酸的食用油，会使腰围和臀围下降。由于MCT独特的消化吸收和代谢过程，使它成为了“减脂新宠”。主要成分为MCT的椰子油和棕榈油也已经成为国外希望控制体重和改善运动能力人士的流行保健品。运动员在训练和比赛前也会食用富含中碳链饱和脂肪酸的食物，来增强体力，提高运动耐力。

据有关南太平洋人口调查显示，较早时期，生活在普卡普卡岛和托克老岛上的人们每天的食用油有50%~60%是椰子油，岛上的居民多数身材匀称，心脏病、结肠癌、阑尾炎、疡症等病症很少出现。之后，随着逐渐引入西式饮食，大豆油、玉米油摄入增多，原本身体健康，很少患心脏病、疡症等病的居民，不但身材有所变化，心脏病、癌症等疾病也随之而来。

注意事项

椰子油虽有诸多好处，但是必需脂肪酸含量偏低，并不能完全替代其日常食用油烹调使用。

二、生酮饮食

“生酮饮食（Ketogenic-Diet，KD）”源于20世纪20年代，是一种由低碳水化合物、高脂肪结构组成的饮食。这种饮食方式对于脂肪摄入量的要求非常高，而对碳水化合物的摄入量严格控制，同时需要适量的蛋白质（图2-4）。生酮饮食通过模拟饥饿状态，降低碳水化合物摄入，使血糖来源减少，身体消耗完葡萄糖后，慢慢就会开始燃烧脂肪，给身体供能。脂肪酸在线粒体中发生β氧化生成大量乙酰CoA，除氧化供能外，也可合成酮体。酮体是脂肪酸在肝分解氧化时特有的中间代谢物，包括乙酰乙酸、β-羟基丁酸、丙酮，可取代葡萄糖成为身体的热量来源，这就是生酮饮食的原理。

（一）生酮饮食的临床功效

由于酮体进入血液可产生抗惊厥作用，早在20世纪20年代的美国，生酮饮食是治疗癫痫的手段之一。到了20世纪末，生酮饮食被引入了糖尿病、帕金森综合征等疾病的治疗中。临床也发现，生酮饮食对于神经系统具有保护作用，机体在“无糖”供应时，脑内γ-氨基丁酸合成增加，限制了活性氧的产生，提高了神经元的抗损伤能力。生酮饮食可以通过影响神经元能量代谢，增加线粒体功能，改善抗氧化应激、抗炎等方面，增强对神经系统的保护。酮体替代葡萄糖作为中枢神经系统的能量底物，为大脑提供能量，避免由于线粒体损

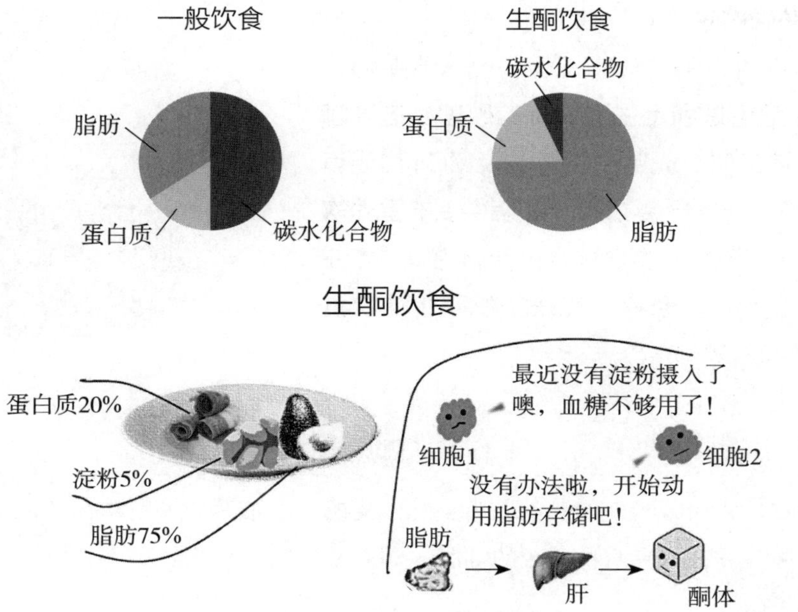

图2-4　一般饮食和生酮饮食的食物组成占比图

伤引起的供能不足。此外，生酮饮食在调节神经递质、神经营养因子、抑制氧化应激和抗炎等方面也发挥重要作用。

（二）阿特金斯减肥法

在2003—2004年，基于生酮饮食原理的阿特金斯减肥法，也得到了广泛流行。它是美国的罗伯特·阿特金斯（Robert C. Atkins）运用生酮饮食部分原理所创建的，要求严格限制碳水化合物的摄入，即不吃任何淀粉类、高糖分的食品，而吃高蛋白的食品，如鱼、虾、蟹、肉等。在疗法最盛行期间，北美11个成人里就有1人采用这种饮食法，既能满足人们吃肉的欲望，又能增加饱腹感，从而降低体重。

（三）中链甘油三酯生酮饮食（MKD）

2018年全球31位资深临床医生和营养师联合编著和发布《生酮饮食专家共识指南》，提出中链甘油三酯（MCT）油已被用于经典生酮饮食的一种补充剂，以促进酮体的产生、改善脂质异常并具有通便秘的功效。

中链甘油三酯在胃和十二指肠中分解为甘油和中链脂肪酸（含6～12个碳原子），如辛酸、癸酸等，这些脂肪酸相比于长链脂肪酸，水溶性较好，不需胆汁的乳化，可直接在小肠毛细血管经门静脉进入肝脏，通过β氧化快速代谢，迅速供能。

由于MCT油比长链甘油三酯产生更多的酮体，意味着在MCT饮食中需要更少的总脂肪，因此在生酮饮食的时候，适当补充MCT油，可提高生酮饮食的效果。基于MCT的生酮饮食由于易吸收，供能快，产酮率高，口感好等特点已广泛用于临床治疗。

（四）防弹咖啡

目前市场流行的“食物黑客”——防弹咖啡（图2-5）减肥也是利用生酮饮食的原理。这种咖啡配方包括清咖啡、无盐草饲黄油及MCT油或有机椰子油，作为一种无糖抗饿、减脂供能的营养饮品，不同于国内流行的富含碳水化合物的早餐如油条、包子、馒头、面条等，代表了低碳水的饮食方式。

图2-5　防弹咖啡

防弹咖啡的由来

防弹咖啡是以西藏当地的酥油茶为灵感发明的，酥油茶有振奋精神、抵抗饥饿的效果，把茶叶换成咖啡豆，选择两种适合的油脂，即可制作防弹咖啡。

然而，生酮饮食并非完全安全，当进行生酮饮食减肥时，碳水化合物摄入极低，容易出现头晕、眼前发黑、出冷汗、乏力等“低血糖反应”。严重时甚至会使脑细胞受损。体内蓄积大量酮体时，有可能陷入酮血症或酮尿症。此时血液有酸化现象，轻者出现恶心、呕吐等症状，重者发生脱水与休克。饮食结构越接近严格的生酮饮食，以上这些风险发生的可能性会越高。因此，像生酮饮食这样极端的饮食结构存在较大的健康风险，除临床特殊疾病辅助治疗外并不建议广泛使用（表2-2）。

表2-2　四种生酮饮食的特点

种类	经典生酮饮食（LDK）	中链甘油三酯生酮饮食（MKD）	改良阿特金斯饮食（MAD）	低血糖指数治疗（LGIT）
构成	由长链脂肪酸构成，脂质与碳水化合物的比例通常为4∶1，脂肪比例高	MKD代谢产生的脂肪酸由6～12个碳组成	是癫痫最简单的膳食治疗方法，可治疗顽固性癫痫的饮食方法	允许摄入碳水化合物的量高于其他几类生酮饮食，LGIT脂肪比例低，特别注意稳定血糖水平，只允许摄入能缓慢增加餐后血糖的碳水化合物
特点	对于饮食要求过于严格，患者依从性很差	MKD易于消化和吸收，不需要胆汁酸盐来消化，在单位时间内可以产生更高的酮源	脂肪比例更低，患者依从性更好	碳水化合物的量高于其他几类生酮饮食，副作用较小

三、预防肥胖的功能油脂——甘油二酯

（一）结构脂质

利用现代工业技术生产有益于健康的功能性结构脂质（Structured Lipids，SLs），是油脂工业的一个重要的发展方向。结构脂质实现了脂肪酸在甘油分子上的定向排列，是一种结构优化的油脂，能够克服天然油脂由于脂肪酸组成和分布导致的营养特性限制。结构脂质通常由传统油脂经化学或酶法修饰获得，在甘油结构的一定位置上配置特定脂肪酸，使得结构脂质具有特殊的营养学、加工性能和特殊的油脂结晶特征等理化性质，最大限度发挥油脂的营养性和功能性，在食品、医药等领域应用潜力巨大。

（二）甘油二酯

甘油二酯（Diacylglycerol，DAG）是甘油三酯中一个脂肪酸被羟基取代的结构脂质，根据结构异构差异，主要有1, 3-甘油二酯和1, 2-甘油二酯两种立体异构体。甘油二酯是天然存在于油脂中的微量成分，也可以通过化学或酶法以动物脂肪或植物油为原料来合成。

自20世纪60年代起，膳食甘油二酯的有益生理功能逐渐被发现。甘油二酯的健康益处归因于分子结构，研究表明甘油二酯与普通饮食中以甘油三酯为主要结构的油脂的消化和代谢途径明显不同（图2-6）。1, 3-甘油二酯在体内消化后不能重新合成甘油三酯，因此食用后不在体内蓄积，而是氧化分解后以能量形式释放，因此甘油二酯具有减少内脏脂肪、抑制体重增加、降低血脂的作用，逐渐受到广泛的关注。2000年底甘油二酯被FDA列入公认安全性食品。

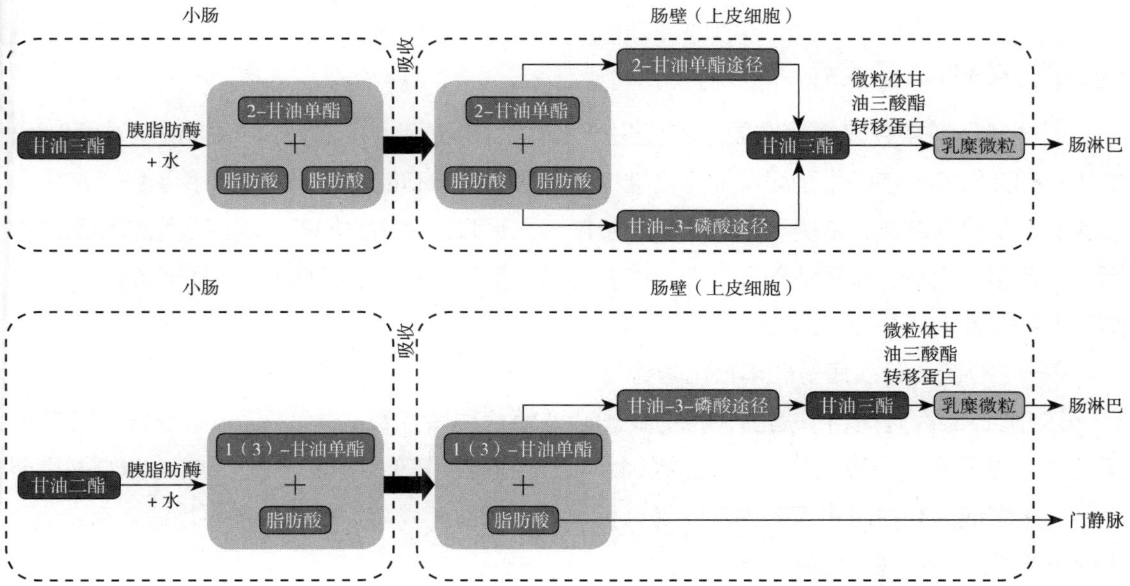

图2-6　甘油三酯和甘油二酯在体内的消化吸收途径区别

1988年以来，多个研究小组开发了富含1, 3-甘油二酯的油脂，甘油二酯含量约80%，具有常用油脂的物理性能，风味和煎炸/烹调性能，同时具有减少肝脏、腹部脂肪，达到预防和治疗脂肪肝的作用。

四、小结

功能油脂与减肥息息相关，中链甘油三酯是一种促进减肥的功能性油脂，能够促进脂肪燃烧，可作为运动人士的保健品，也被用于经典生酮饮食的补充剂。甘油二酯是一种预防肥胖的功能油脂，具有多种生理功能，随着科学技术的发展和对功能油脂研究的深入，功能脂质将在饮食健康中发挥更大的作用。

思考题

1．谈谈如何科学健康地参考生酮饮食促进减脂。

2．查找资料，讨论除了文中讲到的中长链甘油三酯和甘油二酯还存在哪些结构脂质？它们的生理功能有哪些？

第三节　油与心血管健康

一、高发的心血管疾病

近些年，随着经济快速发展，农业生产水平大幅提高，物质供应日益丰富，中西饮食文化的相互影响，使得中国居民的膳食结构发生了前所未有的变化。畜肉类和蛋类、加工食品的消费量显著增加，谷类和根茎类的消费量却在下降。高膳食能量、高膳食脂肪和低体力活动与超重、肥胖、糖尿病和异常血脂的发生紧密相关。控制膳食脂肪与胆固醇的摄入，预防和控制慢性疾病是当下面临的主要问题。

（一）心脑血管疾病呈现年轻化趋势

《中国心血管病报告》指出，目前我国心血管病患者人数约为2.9亿；心血管病死亡率居首位，占居民疾病死亡构成的40%以上，高于肿瘤及其他疾病，已成为威胁健康的重要杀手。中国成人高血压患病率为27.9%，四成成人的血脂异常。中国目前平均每年有260万人死于心脑血管疾病，即每13s死亡1人。

心血管疾病是冠状动脉硬化性心脏病和脑血管疾病的总称，是一种严重威胁人类，特别是50岁以上老年人的疾病，其发病率、死亡率远超肿瘤。目前心血管疾病呈现出年轻化的趋势，身边关于猝死的案例层出不穷。如果平时对身体异常未引起足够重视，在剧烈运动、情绪激动等诱因下，很容易发生急性心梗。

（二）高血脂

导致心血管疾病的元凶一般是“高血脂”，也就是血液中的甘油三酯过高。肥胖患者一般都伴有高血脂，高血脂容易诱发心脑血管疾病、高血压、癌症等多种退行性疾病。

低密度脂蛋白升高是引发动脉粥样硬化的重要危险因素，低密度脂蛋白是正常人空腹血浆中主要脂蛋白，可用于判断是否存在冠心病的风险。研究发现，氧化的低密度脂蛋白可损害动脉管，一旦受损部位修复，就会形成斑块，诱发动脉粥样硬化。日常膳食中增加抗氧化物质的摄入能够阻止胆固醇氧化，促进薄而强劲的动脉血管组织形成，有利于心血管健康。

而高密度脂蛋白升高则能够防止动脉粥样硬化，降低患心脏病的风险。高密度脂蛋白在血液中不停地收集低密度脂蛋白，把它放进自己的“口袋”里，再运送到肝脏并分解。体内高密度脂蛋白越多，则动脉中氧化的低密度脂蛋白就越少，因此，高密度脂蛋白被誉为“好的脂蛋白”。肥胖的人群更容易出现心血管疾病，这类人群体内的高密度脂蛋白也相对较低，是容易发生冠心病的重要原因。

一般来说，当血液中甘油三酯过高，会损害血管内皮细胞，造成血细胞凝聚，并通过受损的内皮进入血管壁，沉积于血管内皮下，逐渐形成动脉粥样硬化斑块、血管壁变窄，血管阻塞。这一阻塞如果发生在为心脏供血的动脉血管，则出现心肌梗死或心脏病，如果发生在大脑，则造成脑死亡即中风，如果动脉脆弱破裂，则造成脑溢血，如果发生在腿部则出现血栓。

高血脂与人们不良饮食习惯尤其是脂肪摄取种类与数量直接相关。心血管疾病重在饮食、预防以及改变不良的生活方式。增加软化血管、抑制血小板聚集和减少血管损伤的食物，减少钠盐及动物脂肪等的摄取，控制血压和血脂，是心脑血管疾病防治的关键。

高血脂患者饮食原则

高血脂患者应合理搭配饮食，注意热量、食盐的摄入量，饮食原则遵循“四低一高”，即低热量、低脂肪、低胆固醇、低糖和高纤维。

二、脂肪酸种类与心血管疾病

油脂的主要成分是三脂肪酸甘油酯，简称甘油三酯。甘油三酯的主要成分是脂肪酸，脂肪酸分子碳链中的碳原子数有4～24个。脂肪酸种类主要包括三类：饱和脂肪酸分子碳原子以单键连接，单不饱和脂肪酸分子含有1个双键，多不饱和脂肪酸含2～6个双键。在天然油脂中，三类脂肪酸同时存在，但比例各不相同。

（一）饱和脂肪酸与心血管疾病

长碳链饱和脂肪酸几乎存在于所有油脂中，在体温下是固体，容易聚集成油滴，与血小板作用形成栓塞。日常膳食中，如果摄入过多的长链饱和脂肪会干扰必需脂肪酸参与的许多生化反应，使血液黏度增加，血液流速减慢，增加心脑血管病风险。

同时，心血管疾病与食物种类、饱和脂肪酸碳链奇偶数、链长以及脂肪酸在甘油三酯中的位置均有关。以猪油和棕榈油为例，虽然它们的脂肪酸组成均为饱和脂肪酸，但猪油中的饱和脂肪酸基本都与甘油的2位羟基连接，而棕榈液油中，饱和脂肪酸基本都与1、3位羟基连接。正是这种构型的差异，使得棕榈油与猪油对血脂的作用也大为不同，摄入不饱和脂肪酸多结合在甘油2位羟基上的棕榈油，进入血液的不饱和脂肪酸增多；而摄入饱和脂肪酸多结合在甘油2位羟基上的猪油，进入血液的饱和脂肪酸增多。

（二）不饱和脂肪酸与心血管健康

不饱和脂肪酸在维持心血管健康方面起到主要作用。不饱和脂肪酸分子流动性强，给细胞膜提供了生命活动所需的变形能力，保证生物大分子在细胞膜内外穿行，完成物质转运。但不饱和脂肪酸含双键，容易被氧化，如果我们日常饮食没有摄入足够的富含抗氧化剂的新鲜蔬菜水果，容易氧化的不饱和脂肪酸氧化后会损伤动脉组织。

单不饱和脂肪酸是含有一个双键的脂肪酸，其中以含十八个碳原子数的油酸$C_{18:1}$最为重要，它可降低血清胆固醇和低密度胆固醇的含量，但不会降低有益胆固醇水平，从而阻止脂肪团的形成。橄榄油、山茶油等油脂中富含单不饱和脂肪酸。

对地中海居民的心血管病学调查发现，当地居民的主要烹饪用油是橄榄油，其中油酸含量高达80%。油酸对胃溃疡、便秘有明显治疗作用，也能减少胆囊炎、胆结石的发生，降低心血管病发病率。所以，地中海饮食中广泛使用的橄榄油已成为健康的代名词。值得注意的是，油酸摄入量过多也会干扰必需脂肪酸和前列腺素的代谢。

富含油酸的食品

油酸在油茶籽、杏仁、花生、鳄梨、美洲山核桃、腰果、榛子、夏威夷果等坚果中的含量也较为丰富。

多不饱和脂肪酸以二烯酸、三烯酸为主，二烯酸的主要代表为亚油酸$C_{18:2}$，三烯酸的主要代表为亚麻酸$C_{18:3}$。鱼油中则含多种三烯以上的多烯酸，如二十碳五烯酸（EPA）和二十二碳六烯酸（DHA）等。

多不饱和脂肪酸按照从甲基端开始第一个双键的位置不同，可分为*n*-3和*n*-6多不饱和脂肪酸，两者在体内代谢时彼此不能相互转化且各自具有独特的生理功能。

其中n-6多不饱和脂肪酸包括亚油酸、γ-亚麻酸、花生四烯酸等，亚油酸有助于降低血清胆固醇和抑制动脉血栓的形成，在预防动脉粥样硬化和心肌梗塞等心血管疾病方面有出色的作用，是花生四烯酸的前体物质。γ-亚麻酸是亚油酸的衍生物，在月见草、螺旋藻中存在，具有抑制心血管疾病、降血脂、降血糖、美白和抗皮肤老化的功效。

而n-3多不饱和脂肪酸主要种类有α-亚麻酸、二十碳五烯酸、二十二碳六烯酸，多在海藻和海洋鱼如鳟鱼、鲑鱼、沙丁鱼体内存在，市场上常见的鱼油主要成分就是n-3不饱和脂肪酸，有利于降低人体心血管疾病和炎症的发生概率、糖尿病患者血清低密度脂蛋白胆固醇和甘油三酯水平。

三、深海鱼油

对深海鱼油的关注始于20世纪70年代。美国北极考察船在路过格陵兰岛考察时，发现当地的爱斯基摩人日常膳食多为捕获的北极熊、海豹或驯鹿，虽然他们以肉类和脂肪类为主食，却很少患有心脑血管、高血压和癌症等疾病，甚至爱斯基摩老人的心脏都要比生活在城市的年轻人健康。经研究发现爱斯基摩人每天所吃的深海鱼、海豹肉中富含n-3多不饱和脂肪酸，从而引发了人们对n-3脂肪酸在心血管疾病预防方面的极大兴趣。

爱斯基摩人

爱斯基摩人也称因纽特人（Inuits），吃生肉的习俗并不只是因为燃料不足无法烹制熟食，而是因为缺少植物食物，人体不能摄取足够的维生素。他们常将猎捕到的动物加工成肉块后，在鲸鱼油里腌制保存。

深海鱼油是从深海鱼类动物体中提炼出来的不饱和脂肪成分，含有丰富的DHA和EPA。DHA和EPA在海水鱼及海藻中含量较高，在高等动物的某些器官及组织中也存在。

EPA被誉为“血脂管家”，可调节血脂，降低血液黏稠度，从而有效防止心血管疾病和炎症的发生。DHA被誉为“血管清道夫”，能清除血液中的低密度胆固醇，软化血管。此外，EPA和DHA还可预防和治疗动脉粥样硬化，它们一方面降低致动脉硬化因子——血清中甘油三酯、总胆固醇、低密度、极低密度脂蛋白；同时增加抗动脉硬化因子——高密度脂蛋白，从而改善血液循环，降低血液黏度，并协助清除血管壁上的多余脂肪。

日常膳食中每日补充少量的DHA和EPA，并多摄入鱼肉，减少红肉的摄入，可预防充血性心力衰竭、冠心病、缺血性卒中和心源性猝死。然而EPA和DHA也不适于大量摄入，过量容易产生出血倾向，有凝血功能障碍和严重高血压的患者要慎用深海鱼油。此外，若摄取的抗氧化剂不足，EPA和DHA在体内极易氧化产生一定的有害物质。摄入鱼油的同时还需摄取抗氧化剂如维生素E来防止产生脂质过氧化作用。

与鱼油相比，海豹油也是富含EPA的油脂，这种脂肪酸在普通鱼油中很罕见，还含有天然抗氧化剂角鲨烯，可使海豹油非常稳定，同时还有可能改善过敏作用的单不饱和脂肪酸棕榈油酸。另外，由于北极无污染的生态环境，使海豹油成为*n*-3不饱和脂肪酸的优质来源。

按鱼油中EPA和DHA的存在形式，市场上的鱼油制品主要分为两类：一类是EPA和DHA的总含量在14%~30%的甘油酯形式，另一类是EPA和DHA的总含量50%~70%的乙酯形式。

乙酯型鱼油加工过程中游离脂肪酸与乙醇的酯交换反应而成的高度精制的*n*-3脂肪酸，通过浓缩能够富集EPA和DHA，因此乙酯型鱼油也称为浓缩鱼油，然而，虽然DHA和EPA含量较高，此种形式的鱼油吸收率却较低，仅为20%左右。

甘油酯型是EPA与DHA的天然存在形式，食用安全，易被人体消化吸收，吸收率为50%左右，是被人们普遍接受的一种产品形式，然而天然鱼油中EPA和DHA的含量普遍较低，且价格较昂贵。

DHA的结构差异或存在状态对其消化吸收会产生重要影响。乙酯型和甲酯型或甘油三酯型在体内都是以被动扩散的方式被吸收的。近几年科学研究发现，新一代卵磷脂型DHA在体内以主动吸收的方式被吸收，吸收率接近100%。迄今为止，磷脂型DHA仅来源于天然蛋黄，卵磷脂主要为磷脂酰胆碱（70%~75%）和磷脂酰乙醇胺（15%~20%），当卵磷脂成分中的R_1、R_2为DHA时即形成卵磷脂型DHA。

除此之外，乙酯型DHA体内分解为乙醇和DHA，其中乙醇对胚胎和婴幼儿具有一定的刺激性。而卵磷脂型DHA（图2-7）分解为卵磷脂和DHA，磷脂还是一种乳化剂，能促进乳糜微粒的形成，有助于提高乳糜的稳定性和运输脂肪酸的能力，进而提高吸收率，与胆汁具有协同作用，减少胆汁的分泌，对于肝胆发育尚未完全的婴幼儿具有更大价值。事实上，鱼油要更好地发挥作用，也离不开卵磷脂的帮助，鱼油可以把心脑血管里多余的胆固醇及其他垃圾溶解分离出来，而卵磷脂就像“运输车”，中和血液中的胆固醇，把垃圾运出体外，

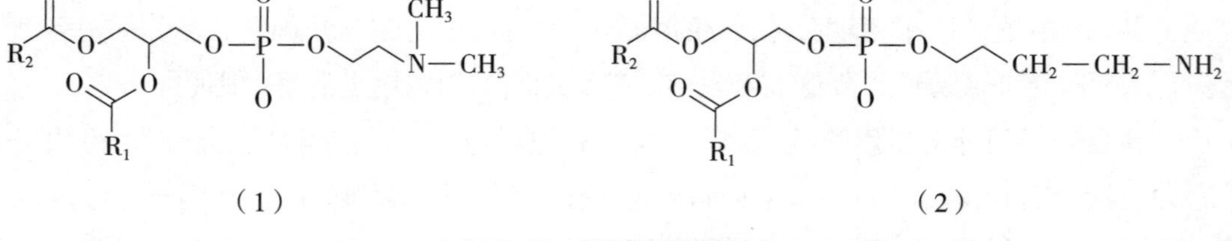

图2-7　卵磷脂型DHA

（1）磷脂酰胆碱　（2）磷脂酰乙醇胺　R_1和R_2是DHA

故同时补充卵磷脂和DHA能够起到事半功倍的效果。

虽然深海鱼油对心血管疾病有很多好处，但它并不能作为处方药治疗疾病，而是一种膳食补充剂，预防和改善身体状况。多吃对健康也会有损害，另外鱼油也面临海洋污染、重金属等问题，因此应选择优质产品，更建议从植物油如亚麻籽油、紫苏油等中摄取n-3不饱和脂肪酸。

鱼油和鱼肝油的区别

鱼油提取于海鱼全身脂肪，主要成分是不饱和脂肪酸DHA和EPA。而鱼肝油多从鲨鱼或鳕鱼肝脏中提取，脱去了部分固体脂肪，主要用于防治维生素A和维生素D的缺乏，预防佝偻病，帮助骨骼发育。

四、α-亚麻酸

近20年来，亚麻籽也受到医药界的重视。亚麻籽油中n-3系列脂肪酸含量≥46%（图2-8）。其中α-亚麻酸超过60%，仅次于紫苏油。由于保健作用和鱼油中的EPA、DHA十分相似，亚麻籽油更是被誉为“陆地上的鱼油”。后来又发现它含有对人体健康有重要益处的木酚素，美国国家肿瘤研究院已把亚麻籽作为6种抗癌植物研究对象之一。

图2-8　亚麻籽和亚麻籽油

α-亚麻酸学名为9, 12, 15-十八碳三烯酸，含α-亚麻酸的饮食可显著降低高密度脂蛋白胆固醇水平和载脂蛋白含量。α-亚麻酸通过抑制血管炎症和内皮细胞的活化来降低心血管疾病的发生，α-亚麻酸摄入量每天增加1g可使心脑血管死亡风险降低10%。所以，对于不经常摄取海洋动、植物及鱼油的个体或不容易获得海洋鱼类的地区来说，植物来源的α-亚麻酸的摄入对动脉粥样硬化及心血管疾病的预防尤为重要。紫苏籽、亚麻籽和美藤果仁中α-亚麻酸含量和含油量都较高，同时还含有丰富的维生素E、多酚等天然抗氧化剂，可增加油脂的存储稳定性。

对希腊克里特岛居民的健康调查发现，当地居民冠状动脉疾病的死亡率是美国的1/20，与同样“地中海饮食”的邻居意大利人相比，疾病死亡率仅为其一半，调查发现当地大量食用野生绿色植物——马齿苋（图2-9）。每100g新鲜马齿苋叶含

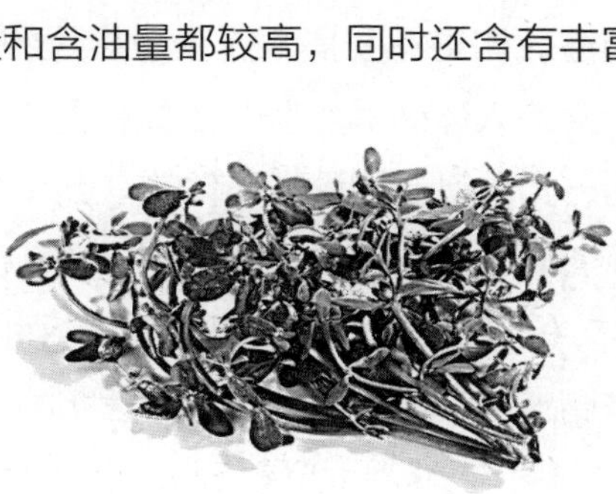

图2-9　马齿苋

有300～400mg的α-亚麻酸，是菠菜的10倍，同时马齿苋中还含有大量的维生素E，能降低低密度脂蛋白胆固醇，调节胆固醇的吸收率，增加脂质的排泄，从而起到明显降血脂，预防动脉硬化形成的效果；维生素E还具有抗氧化性，可保护低密度脂蛋白，对高血脂具有预防作用。此外，马齿苋还富含黄酮、多糖和微量元素等，有清热解毒，防衰老抗癌症，调节糖代谢等作用。

五、小结

高膳食脂肪摄入和低体力活动是导致超重、肥胖、糖尿病和异常血脂发生的主要原因。慢性疾病发病率的上升已成为危害人体健康的重要杀手。心血管疾病重在饮食预防以及改变不良的生活方式。日常生活中注意控制饱和脂肪摄入量，增加多不饱和脂肪摄入，从亚麻籽、鱼油等中适当补充必需脂肪酸α-亚麻酸，能够有效降低心血管疾病的发生。

思考题

1. 如何科学选择食物补充n-3不饱和脂肪酸？
2. 海豹油中含有哪些与鱼油不同的功能成分？

第四节　必需脂肪酸与人体健康

一、必需脂肪酸的生理功能

必需脂肪酸（Essential Fatty acids，EFA）是指人体维持机体正常代谢不可缺少而自身又不能合成，或合成速度慢，无法满足机体需要，只能从食物中摄取的一类多不饱和脂肪酸。如果脂肪摄入过少也会导致必需脂肪酸缺乏，同样会引发各种疾病。目前，被明确定义的人体必需脂肪酸主要有两类：一类是以α-亚麻酸为母体的n-3系列多不饱和脂肪酸；另一类是以亚油酸为母体的n-6系列多不饱和脂肪酸。

必需脂肪酸的生理功能主要有：

（1）增加毛细血管和皮肤的强度和通透性，保护皮肤及黏膜。如缺乏必需脂肪酸易出现鳞屑样皮炎、湿疹等。必需脂肪酸可保护皮肤免受由X射线引起的损害。

（2）必需脂肪酸与胆固醇结合生成胆固醇酯或磷脂，可有效减少血液中游离胆固醇。必需脂肪酸如果缺乏，胆固醇的转运受阻，容易在血管壁沉积，造成血管硬化和堵塞，导致心血管疾病。

（3）必需脂肪酸是多种生理过程所必需的物质，是体内许多重要的生理活性物质前体，如前列腺素，如果膳食中长期缺乏，可能造成不孕症、授乳困难等。

玉米油、大豆油、红花籽油等中亚油酸含量较高。红花籽油是亚油酸含量最高的商品油，亚油酸含量高达75%～83%。人体摄入亚油酸后，可通过代谢生成γ-亚麻酸及花生四烯酸。γ-亚麻酸主要存在于多种草本植物、藻类及低等真菌中，最早从柳叶菜科植物月见草中发现，具有降血脂，抗动脉粥样硬化，抗炎抗菌等作用。花生四烯酸是人体含量最高并且分布最为广泛的一种多不饱和脂肪酸，在维持机体细胞膜的结构与功能方面具有重要的作用。其不仅作为一种极为重要的结构脂类广泛存在于哺乳动物的组织（特别是神经组织）器官中，而且还是人体前列腺素合成的重要前体物质，具有广泛的生物活性和重要的营养作用。作为人乳汁的天然成分，花生四烯酸对婴儿的神经及生理发育必不可少，被认为是人类早期发育的必需营养素。

紫苏油、菜籽油和亚麻籽油中则富含α-亚麻酸，在体内代谢生成EPA和DHA。由于人体缺乏*n*-3 /Δ15脂肪酸脱氢酶（FAD）无法将亚油酸转换成α-亚麻酸，所以必须通过饮食补充。世界卫生组织（WHO）、中华人民共和国卫生部、中国营养学会于2000年一致认定α-亚麻酸是人体的必需脂肪酸，能够有效地抑制血栓性病症，预防心肌梗死和脑梗死，降低血脂、血压，抑制出血性中风、癌症的发生和癌细胞的转移，具有增长智力，保护视力，延缓衰老等功效。

α-亚麻酸的衍生物DHA还被誉为“脑黄金”。DHA能增加细胞膜的流动性，保护心脑细胞，提高记忆力，改善中老年痴呆症状。DHA是神经细胞生长及维持所需的一种主要物质，在人体大脑皮层中含量高达20%，在眼睛视网膜中所占比例约50%，对胎儿、婴儿智力和视力发育至关重要。世界卫生组织建议孕妇和乳母每天摄入DHA≥200mg，足月婴儿每天每千克体重20mg。

二、平衡适量——必需脂肪酸家族的相处之道

必需脂肪酸家族中，*n*-3/*n*-6多不饱和脂肪酸的比例对人体健康有重要影响。在人类几百年进化史中，我们以狩猎为生的祖先膳食中富含*n*-3脂肪酸的食物较多，*n*-6脂肪酸食物较少，二者摄入比例约为1：1，根据现有资料，原始人类基本没有困扰现代人的富贵病，如心脏病、癌症、糖尿病等。

随着食品工业的迅速发展，生活便捷水平提高，加工食品越来越多，不稳定的*n*-3脂肪酸大部分被破坏，导致人体内*n*-3/*n*-6脂肪酸比例逐渐由1：1降低为1：20到1：50。因此，日常膳食中应降低*n*-6多不饱和脂肪酸的摄入，适度增加*n*-3多不饱和脂肪酸的摄入。

必需脂肪酸营养失衡会导致一系列后果，这主要是由于*n*-3/*n*-6脂肪酸在体内代谢是

相互竞争的，代谢过程接受共同的转化酶系统作用，不同的代谢途径产生不同的代谢产物（图2-10）。当摄入比例合适时，*n*-6和*n*-3脂肪酸在体内各司其职，*n*-6脂肪酸抵御外来攻击、修复组织；*n*-3则具有抑制发炎的作用，人体机能也处于一个相对稳定的状态，有利于降低各类慢性疾病的发病风险。而当摄入*n*-3多不饱和脂肪酸不足时，*n*-6多不饱和脂肪酸衍生的花生四烯酸在环氧化酶的作用下代谢产物过多引发炎症，带来一系列疾病风险。

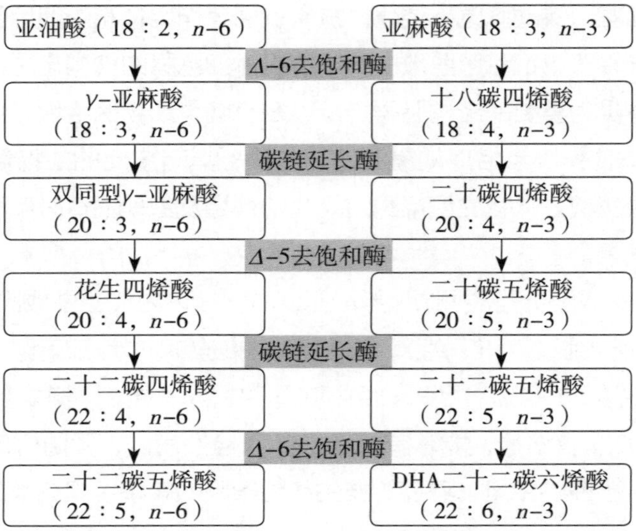

图2-10　*n*-3/*n*-6系列多不饱和脂肪酸代谢竞争机制

三、炎症与“上火”

炎症就是平时人们所说的“发炎”，是机体对刺激的一种防御反应。当异物进入人体产生异常代谢产物时，免疫系统会调动免疫细胞清除，此过程中产生炎性介质。在民间炎症又称“上火”，如面红、目赤、咽喉红肿、疮疡红肿等火热之症，也源于炎症，符合西医发炎的病理特征。炎症是心脑血管疾病、糖尿病甚至癌症的诱因，炎症发生率高的人群出现心脏病的可能性是健康人群的3倍。

通常，人们认识的炎症多为免疫系统介导的炎症反应，包括病原体感染引发的感染性炎症和非感染性炎症。还有一些潜在损害性的物质和因素不经免疫系统，而是由神经系统诱发的炎症反应，称为神经源性炎症。绝大多数的上火都属于刺激TRPV1受体（辣椒素受体）激发的神经源性炎症，另外，烫伤导致的局部皮肤红肿热痛，也属于烧伤炎症反应的另一个机制。

人体防御机制

人体的防御机制不止皮肤和黏膜的屏障系统和免疫系统这两个体系，还有其他的体系组成的防御系统，可以及时发现并区分非伤害性与（潜在）伤害性因素，做出适当的反应。

炎症出现的病理作用主要是炎症介质释放而引起的。炎症介质包括脂类介质和肽类介质。n-6脂肪酸亚油酸在人体内代谢转化为γ-亚麻酸、花生四烯酸等，游离的花生四烯酸量较少，大多数结合在细胞膜磷脂的甘油2位碳上，需要时经酶水解释放。花生四烯酸在环氧化酶的作用下可合成前列腺素、血栓素、白三烯等一系列具有生理活性的脂类介质（图2-11）。其中前列腺素可通过与质膜上特异性受体的结合对组织、器官产生广泛的生物学作用，增强组胺和缓激肽对血管通透性的升高和致痛作用，引起疼痛和血管舒张，是一种有利的物质。血栓素具有收缩血管和促进血小板聚集作用，是导致心血管疾病的因素之一。

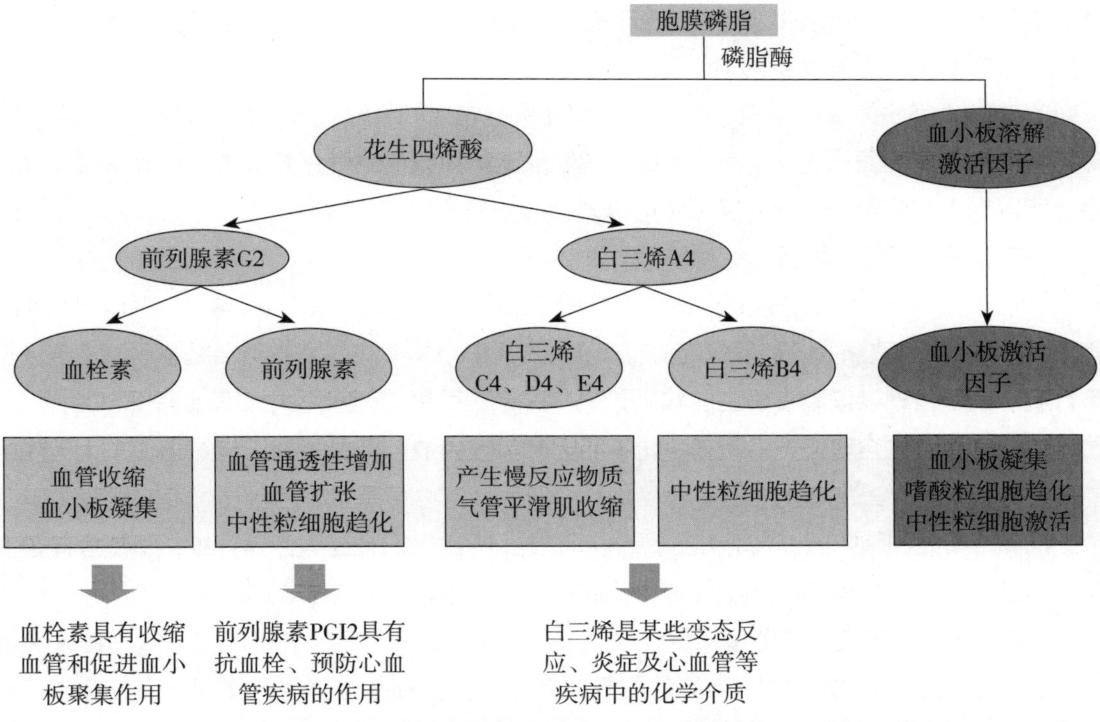

图2-11　花生四烯酸在环氧化酶的作用下可合成前列腺素、血栓素、白三烯

而白三烯是某些变态反应、炎症及心血管等疾病中的化学介质，人类的免疫、发炎、过敏和心血管疾病均与其有关。因此，在不过量的情况下花生四烯酸对健康是有益的，然而一旦过量就会衍生出许多对健康不利的炎症介质，如白三烯等。

此外，n-6脂肪酸尤其是花生四烯酸易氧化，产生自由基，对人体组织有损伤作用。自由基产生也与炎症有关。为应对氧化毒性，细胞通过多种抗氧化机制阻止自由基的形成，或中和代谢过程中所产生的自由基。当自由基的生成量超过细胞抗氧化清除的能力，细胞会因自由基的过量堆积而引起异常炎症反应。

四、*n*−3多不饱和脂肪酸的生理功能

（一）预防炎症

n−6脂肪酸中花生四烯酸摄入过多会增加自由基和脂类炎症介质产生的风险。而*n*−3脂肪酸则是抑制炎症的重要物质，其改善免疫疾病的机制是通过降低炎症前体介质的分泌来实现的。*n*−3脂肪酸*α*−亚麻酸与*n*−6脂肪酸亚油酸竞争酶系统，生成EPA和DHA，使花生四烯酸合成受阻，EPA又可与花生四烯酸竞争酶系，使前列腺素和白三烯合成受阻，从而抑制炎症发生。

EPA还能抑制肽类炎性介质的产生。健康人补充亚麻籽油（含有约56% *α*−亚麻酸）4周，体内白细胞中EPA的浓度提高，细胞因子的生成量下降约30%。*α*−亚麻酸对哮喘、特异性皮炎和类风湿关节炎等也有预防作用。

炎症发生率高的人，出现心脏病的可能性是健康人的3倍，这就是非甾体抗炎药阿司匹林可预防心脏病的原因之一。*n*−3不饱和脂肪酸消炎效果与阿司匹林类似，但不会影响胃黏膜，所以摄入深海鱼类一定程度上也可以降低心脏病发生的风险。

（二）抑制癌症和肿瘤

除与炎症有关，*n*−6脂肪酸代谢产物能产生浸润正常细胞所需的胶原酶，促进癌细胞的转移和扩散。调查发现，高脂肪饮食与肠道肿瘤密切相关。对内蒙古自治区牧区和农区人群流行病学调查发现，以肉食为主的牧区，男性成年居民患前列腺肥大比率远高于农区，主要是陆生动物脂肪中含较多*n*−6脂肪酸花生四烯酸，是合成前列腺素的前体，可见食肉过量是前列腺癌发病率上升的原因之一。

而*n*−3不饱和脂肪酸却能阻止胶原酶的产生，防止癌细胞与其他器官组织基底膜黏连，阻止其扩散，还能使癌组织细胞膜变得更脆弱，容易被化疗药物攻击破坏。

（三）调节“失控”的免疫系统

血液中的白细胞是人体防御细菌入侵的巡逻兵，当细菌等异物入侵时，白细胞进入被入侵部位，将细菌包围、吞噬、消灭，为了标识路径，体内会产生一种化学标记物。*n*−3脂肪酸能够降低该路径的吸引力，减少到达感染区域白细胞的数量。

人体的过敏、哮喘、风湿病、狼疮、带状疱疹、牛皮癣、结肠炎、支气管炎等多种健康问题均是由于免疫系统过分亢进或被误导的结果。在体内建立“机敏”的免疫系统是避免上述症状发生的重要途径。

正常情况下，免疫系统能够区分“自我”和“非自我”的物质，识别和攻击“非自我”

的物质。但有时免疫系统无法将自身一个或多个组分识别为“自我”，并产生自身抗体及自身反应性T细胞，这些抗体及T细胞会攻击自身细胞、组织或器官，导致炎症和损伤。饮食补充*n*-3多不饱和脂肪酸能抑制一些自身反应T细胞，使得自身反应T细胞凋亡，数目减少，进而降低炎症及免疫疾病发病率。

（四）促进大脑发育，防治抑郁症

被称为“长寿乡”的广西巴马，是世界五大长寿地中，百岁老人分布率最高的地区。当地特产火麻油是主要食用油，含有丰富的*α*-亚麻酸，长寿老人常以茶籽油和火麻仁粉煮菜，年均食用火麻仁约40kg。拥有“状元乡”的美称的甘肃会宁，1977年至今，58万人口的甘肃会宁共考取博士200多人。当地人特殊的饮食结构尤其是食用油引发了学者的关注。会宁县胡麻种植面积占全县耕地面积的1/15，仅加工胡麻籽油的企业大于200家。富含*α*-亚麻酸的胡麻籽油为当地主要食用油，*α*-亚麻酸在体内可转化为DHA，具有增强智力，提高记忆，保护视力等功能。

亚麻籽

除了含有丰富的*n*-3脂肪酸，亚麻籽还富含亚麻多糖、木酚素和膳食纤维。木酚素是与人体雌激素十分相似的植物雌激素，具有抗氧化、预防骨质疏松等多种益处。

n-3多不饱和脂肪酸可以促进脑细胞增殖和成熟，以及神经元突触的生长和神经网络的形成，有助于增强记忆和学习能力。帮助婴幼儿脑发育，还能延缓脑功能的退化。老年人在做菜时加入几勺富含*α*-亚麻酸的亚麻籽油，有助于预防老年痴呆；孕产妇摄入足量*α*-亚麻酸，可使婴儿的脑神经和视神经细胞发育更好；少年学子适量补充亚麻籽油可保障用脑、用眼的需求。

成年人大脑中脂肪占30%～60%，而磷脂约占脂肪的35%，磷脂主要由*n*-3多不饱和脂肪酸构成，它能够影响神经信号转导功能，*n*-3多不饱和脂肪酸中的DHA是大脑神经细胞膜的其中一个主要结构性脂质，约占大脑磷脂干重的10%，在调节情绪、思维中起着重要的作用。如果脑组织中DHA不足，就会导致神经介质5-羟色胺缺乏，容易产生抑郁症。

五、合理的膳食多不饱和脂肪酸比例

多不饱和脂肪酸尤其是*n*-6和*n*-3多不饱和脂肪酸，不仅是人体的必需营养素，在调节和预防人类疾病方面也发挥着重要作用。*n*-6和*n*-3多不饱和脂肪酸在哺乳动物细胞内不能相互转换，且具有不同的生理功能，因此平衡膳食中*n*-3/*n*-6脂肪酸比例具有重要意义。

n-3多不饱和脂肪酸与*n*-6多不饱和脂肪酸的比例是评价膳食脂肪酸质量的重要指标，只有当二者比例适当时，脂肪代谢才会达到平衡。中国营养学会建议，膳食中*n*-3/*n*-6不饱

和脂肪酸比值的推荐是1：（4~6）。1994年，联合国粮食及农业组织推荐*n*-3/*n*-6不饱和脂肪酸比值应为1：（5~10）。其中亚油酸的最佳摄入量9~18g/d，α-亚麻酸>6g/d。婴幼儿、孕妇和乳母还要适量补充EPA和DHA，以保证婴幼儿的智力和视力发育。

表2-3 中国居民脂肪酸参考摄入量（DRIs）

年龄（岁）/生理状况	亚油酸/（%E①）	α-亚麻酸/（%E）	EPA+DHA/（g/d）	
	AI	AI	AI	AMDR
0~	7.3（0.15g②）	0.87	0.10③	—
0.5~	6.0	0.66	0.10③	—
1~	4.0	0.60	0.10③	—
4~	4.0	0.60	—④	—
18~	4.0	0.60	—	0.25~2.0
50~	4.0	0.60	—	0.25~2.0
孕妇	4.0	0.60	0.25（0.20③）	—
乳母	4.0	0.60	0.25（0.20③）	—

注：AI：适宜摄入量；AMDR：可接受范围。
①：%E为占能量的百分比；
②：花生四烯酸；
③：DHA；
④：未定制参考值用“—”表示。
资料来源：《中国居民膳食营养素参考摄入量》。

目前*n*-3多不饱和脂肪酸的膳食补充途径常见的主要有两大类产品，一是普通食品补充，*n*-3多不饱和脂肪酸广泛存在于海洋食物和植物油中，尤其在海洋鱼类、贝类（主要以DHA、EPA为主）以及食用植物油脂中亚麻籽油、核桃油以及菜籽油（主要以α-亚麻酸为主）中含量比较丰富，可通过摄取此类食品补充*n*-3多不饱和脂肪酸。

简单地用“好”和“坏”来评价各类油脂是不科学的，重要的是平衡各种脂肪酸的摄入。专家建议饮食中要限制饱和脂肪酸摄入，多摄入多不饱和脂肪酸（表2-3）。脂肪酸失衡会给人体健康带来隐患，诱发心血管疾病，所以食用油的种类需要多样化。日常生活中可将不同种类的油进行搭配，或将多种植物油经过科学提炼和配方，调配出均衡比例的调和油，也是平衡膳食脂肪酸组成的一种选择。针对不同人群的生理需求特点，也可选择特殊膳补充剂等产品补充*n*-3多不饱和脂肪酸。

六、小结

必需脂肪酸是多种生理过程及物质合成所需的，只能从食物中摄取。两类必需脂肪酸——亚油酸和α-亚麻酸的平衡摄入对于人体健康至关重要，破坏这一平衡很容易导致炎症性疾病的发生。现代加工食品中导致n-3不饱和脂肪酸的破坏，过多的n-6不饱和脂肪酸容易产生对人体组织有损伤作用的自由基，并产生对健康不利的炎症介质。我们日常生活中需要调配食用油种类，科学平衡膳食脂肪组成，才能减少体内炎症因子的产生。

思考题

1．从代谢角度思考为什么需要平衡摄入n-3和n-6不饱和脂肪酸？

2．分析日常生活中碰到的炎症与上火现象是由什么原因导致。如何从饮食上减少炎症与上火的发生？

第五节　日常食用油的营养特点

一、食用植物油

日常食用油脂有天然植物油脂和动物油脂，还有在加工食品中大量应用的人造油脂如氢化植物油。植物油脂的消费量占总食用油脂85%以上，植物油品类繁多各具特色（图2-12）。大部分的天然植物油都富含不饱和脂肪酸，室温下是液体油；椰子油、棕榈油和棕榈仁油除外，主要含饱和脂肪酸，室温下是固体脂。初榨或冷榨植物油大都含有植物甾醇、磷脂、脂溶性维生素等天然活性物质。让我们从脂肪酸和天然活性物质组成来认识一下多种植物油的营养特点。

图2-12　多种多样的天然植物油

（一）大豆油

大豆油是世界上消费量最大的食用油，我国是大豆油主要消费国家。大豆（Soybean）俗名黄豆，又称菽食豆、白豆。大豆油富含多不饱和脂肪酸，尤其是n-6多不饱和脂肪酸亚油酸含量特别丰富，达48.9%～59.0%，n-3多不饱和脂肪酸亚麻酸占5.0%～11.0%，单不饱和脂肪酸油酸含量17.7%～28.0%。未精炼的大豆毛油中，还含有1.0%～3.0%的磷脂，0.7%～0.8%的植物甾醇，维生素E以及少量蛋白质和麦胚酚。大豆中磷脂含量特别丰富。大豆油营养成分丰富，消化吸收率达98%，具有很高的营养价值。大豆油有大豆特有的风味，精炼大豆油烟点238℃左右，不饱和脂肪酸特别是多不饱和脂肪酸含量高，在高温下不稳定，不适合用来高温煎炸，故而往往被加工成色拉油等。大豆油属于半干性油，因其富含多不饱和脂肪酸，易氧化不耐储存。

转基因大豆

我国是世界最大的大豆净进口国，2017年进口大豆98%为转基因大豆，进口转基因大豆多用于榨油，豆粕用作饲料。国产大豆富含优质的蛋白质成分，主要用于提供大豆蛋白。2004年，我国开始执行食品安全市场准入制度，用转基因大豆制取的豆油必须标注“转基因大豆油”字样。

（二）菜籽油

菜籽油是我国传统食用植物油，在宋代已经开始大量食用，占当前国产食用植物油的50%以上。油菜籽（Rapeseed）是油菜的种子。菜籽油中的饱和脂肪酸含量低，单不饱和脂肪酸油酸含量8.0%~60.0%，含有多不饱和脂肪酸亚油酸（11.0%~23.0%）和亚麻酸（5.0%~13.0%），也含有菜籽甾醇、菜油甾醇和豆甾醇等植物甾醇及维生素E。一级、二级菜籽油烟点为205~215℃，适合煎炸烹炒。菜籽油是半干性油，多不饱和脂肪酸含量并不很高，氧化稳定性较好。

菜籽油含有独特的芥酸，以及芥子油苷。芥子油苷在植物内源酶的作用下，水解为硫氰酸酯、异硫氰酸盐和腈。硫氰化物具有致甲状腺肿的作用。腈的毒性很强，能抑制动物生长发育，甚至致死。这些硫化物可以通过加热去除。芥酸是二十二碳一烯酸，会诱发心肌脂肪堆积，损害肝、肾等器官，还可导致动物生长发育障碍和生殖功能下降。但芥酸对人体毒性的作用尚无直接证据。我国传统油菜籽中芥酸和芥子苷含量较高，其中芥酸含量为20%~60%。

什么是双低菜籽油？

双低菜籽油是由双低油菜压榨而成的食用植物油。其中“双低”是指菜籽中芥酸含量低于3%，菜籽饼中的硫苷含量低于30mmol/g。双低菜籽油与普通菜籽油相比，具有油酸含量高、芥酸含量低的特点，改善了传统菜籽油的不足，更有益于人体健康。

（三）花生油

花生油香气浓郁，主要用作烹饪油，还可制备起酥油、人造奶油和蛋黄酱。我国花生果的产量居世界首位，同时我国也是世界第一大花生消费国。2020年度我国可能首次超过欧盟成为世界花生进口第一大国，进口花生重要用于生产饲料和食用油。落花生（Peanut），又称花生、地豆、番豆、长生果。花生油不饱和脂肪酸约占80%，其中单不饱和脂肪酸油酸含量为35.0%~67.0%，多不饱和脂肪酸亚油酸含量为13.0%~43.0%，不含或含少量亚麻酸。花生酸是花生油特有的成分。冷榨花生油含有植物甾醇、维生素E、白藜芦醇等生物活性物质。花生油有浓郁的花生风味，压榨花生油烟点约160℃，精炼花生油烟点232℃左右。花生油主要含单不饱和脂肪酸，热稳定性比大豆油要好，适合日常炒菜用，但不适合用来煎炸食物。花生油亚麻酸含量很低，因此抗氧化稳定性好，香气稳定。

花生油易污染黄曲霉毒素，在家自制花生油或者从小作坊购买花生油时需特别注意。我国对食品中黄曲霉毒素有严格的限量标准：玉米、花生仁、花生油中含量不得超过20mg/kg。

高油酸花生油

对普通花生品种改良育种得到的，油酸含量可达80%以上。此外，普通花生油棕榈酸含量较高（8.0%～14.0%）使得产品在气温较低时易凝固，同时亚油酸含量较高（13.0%～43.0%），使得产品氧化稳定性差、保质期短。高油酸花生油比普通花生油提高了油酸含量，降低了亚油酸与棕榈酸的比例。

为什么花生油在冬天的时候会发生“絮凝”现象？

花生油之所以会在低温下产生凝固现象，是因为花生油中含有一定量长链饱和脂肪酸，熔点较高，冬天气温较低（低于0℃）便会凝固，不是花生油的质量问题。

（四）棕榈油

棕榈油作为食用油脂已经拥有超过5000年的历史。它与大豆油、菜籽油并称“世界三大植物油”，也是目前世界上生产量、消费量和国际贸易量最大的植物油品种。棕榈油还可作为肥皂、洗衣皂、柴油、润滑剂、蜡烛等化工产品的生产原料。油棕的果实油棕果（棕榈果），成熟后为棕红色，果肉和果核（含壳和仁）都富含油脂。棕榈油是从油棕果果肉中提取的油脂。油棕果果仁中提取的油脂称为棕榈仁油。棕榈油饱和脂肪酸占41.5%，不饱和脂肪酸含量42.4%，多不饱和脂肪酸11.6%，是饱和脂肪酸比例较高的植物油。其中棕榈酸约为37.7%。棕榈油含有维生素A约18μg/100g，胡萝卜素约110μg/100g，维生素E约15.24mg/100g。

棕榈油未作为单一油品直接上市，调和油或油炸类食品中使用的多为这一油品。它常被作为食品工业用油脂应用于食品生产，其中最重要的用处就是烘焙油脂。众所周知，起酥油是蛋糕、饼干、面包等烘焙品的重要原料之一，以往的起酥油都是采用猪油等动物油脂，可是因为猪油含有较高的胆固醇，出于健康的角度人们不得不寻求新的原料。棕榈油因其具有与猪油相似的熔点特性、起酥功能及脂肪酸组成，开始逐渐被人们所关注并使用，也就是我们常说的植物起酥油。植物起酥油自开发以来被广泛地用于面包、糕点的生产，与动物起酥油相比，植物起酥油不仅更符合现代健康饮食的标准，而且也不受民族和宗教信仰的限制。

（五）葵花籽油

在全球主要植物油产量中，葵花籽油仅次于棕榈油、大豆油和菜籽油，排名第四。葵花籽（Sunflower Seed）是向日葵果实，原产于北美，是当地土著人高能量食物的来源，后来逐渐传入欧洲和亚洲，乃至全世界。我国已知最早的葵花籽记录可以追溯到1621年的《花表》，曾被称为“张菊”（大菊花），当时葵花籽被作为零食和花园花卉种植。葵花籽油不饱和脂肪酸含量达85%以上，是为数不多的富含*n*-6多不饱和脂肪酸亚油酸的油脂之一，亚油酸含量48.3%~74.0%，单不饱和脂肪酸油酸14.0%~39.4%，不含或者含少量*n*-3多不饱和脂肪酸亚麻酸。葵花籽油单不饱和脂肪酸和多不饱和脂肪酸的比例约1：3.5，逊色于橄榄油和茶籽油。葵花籽油有特殊气味，精炼后可去除。适合温度不高的炖炒，但不宜单独用于煎炸食品。葵花籽油富含维生素E，氧化稳定性好。

（六）芝麻油

芝麻油是我国古代最早大量用作食用的植物油。在亚洲和非洲部分地区，芝麻香油已被广泛用作餐桌用油和煎炸油。芝麻（Sesame），又称胡麻、脂麻、油麻。我国民间认为，食用以白芝麻为好，补益药用则以黑芝麻为佳。与棉籽油和花生油类似，芝麻油的脂肪酸组成以单不饱和油酸（34.4%~45.5%）和*n*-6多不饱和脂肪酸亚油酸（36.9%~47.9%）为主。单不饱和脂肪酸和多不饱和脂肪酸的比例是1：1.2，对血脂具有良好影响。芝麻油中含有多种抗氧化剂，除含有约500mg/kg的维生素E，还有芝麻酚（Sesamol）、芝麻酚林（Sesamolin）、芝麻素（Sesamin）等。芝麻油良好的氧化稳定性主要归功于芝麻酚。芝麻油具有独特的香味，其香味是由高温处理时芝麻油不皂化物分解产生的C_4~C_9直链醛及乙酰吡嗪等挥发物引起的。芝麻油在高温加热后容易失去香气，因而适合拌凉拌菜，或在菜肴烹调完成后用来提香。

什么是小磨香油？

芝麻制油多采用水代法和压榨法，很少采用浸出法。水代法制取的芝麻油，色泽深、香浓可口，常称为小磨香油或小磨麻油，一般作冷调油使用。压榨法制取的芝麻油，又称机榨芝麻油，其香味比小磨香油略淡，色泽也相对浅些。

（七）棉籽油

棉籽（Cottonseed）是棉花种子，是一年生锦葵科棉花属草本植物。棉籽油在北方产棉地区用作食用油。主要由棕榈酸（21%~26%）、油酸（14%~21%）和亚油酸（46%~58%）组成，与花生油类似。棉籽油与其他植物油比较，最显著的特征就是含有苹婆酸和锦葵酸等环丙烯酸。棉籽油中含有少量棉酚和环丙烯酸，这两种物质对人体有害，需精炼去除。

（八）橄榄油

橄榄油是以油橄榄树的果实油橄榄为原料制取的油脂。橄榄油与茶油是植物油中单不饱和脂肪酸油酸含量最高的。橄榄油对人体具有多种保健功效，特别对减少心血管疾病和促进幼儿骨骼及神经系统发育有特殊功效，同时也是天然美容佳品。橄榄油因其独特的食用和美容价值而被世界医学界和营养学界誉为“液体黄金”“营养之王”，是以健康而享誉世界的“地中海膳食体系”中的组成要素。橄榄油的脂肪酸组成较单一，特征脂肪酸油酸含量高达55.0%~83.0%。此外含有少量必需脂肪酸亚油酸和亚麻酸。橄榄油含有丰富的生物活性成分，其中角鲨烯含量高达140~700mg/100g。但是植物油被加热处理后，角鲨烯就完全被破坏了。富含角鲨烯的初榨橄榄油宜生食。橄榄油还含有β-胡萝卜素、维生素E和多酚类抗氧化剂。橄榄油含有叶绿素和脱镁叶绿素，呈淡绿色，带有橄榄果的香气。橄榄油可用来炒菜，也可以用来凉拌。

（九）山茶油

油茶俗称山茶、野茶，据《山海经》记载，中国栽培油茶已有2300多年的历史。明代医家李时珍在《本草纲目》中记载：“茶油性偏凉，凉血止血，清热解毒。主治肝血亏损，驱虫。益肠胃，明目。”《纲目拾遗》中记载，山茶油可润肠、清胃、解毒杀菌。《中国医药宝典》记载茶油可降脂降压，消火抗菌，抗病毒，增强人体免疫力，预防中风。《中华药海》记载，茶油能抗紫外线，防止晒斑及减少皱纹，对消除黄褐斑、晒斑很有效果。《中国药典》将茶油列为药用油脂，可医治外伤、烫伤、消炎生肌，抗紫外线，防治头癣、湿疹、皮肤瘙痒、预防皮肤癌变等皮肤疾病。山茶油也是国际粮农组织首推的卫生保健植物食用油。山茶油因其天然温和，渗透性较强，与皮肤的亲和性好，不易氧化变质及安全等特性成为化妆品用基础植物油之一。山茶油在预防产后肥胖，保证胎儿健康成长方面有重要作用，在我国台湾、福建一带有“月子宝”之称。茶油有预防和治疗心血管疾病的功效，是这类患者的营养保健油脂。

山茶油的原料是山茶科、山茶属油茶（*Camellia oleifera* Abel.）成熟的果实油茶籽。茶油中的油酸和亚油酸等不饱和脂肪酸约占90%，其中油酸占80%左右，茶油中亚油酸和亚麻酸的比例正是人体所需比例。茶油含脂溶性维生素A、维生素E、山茶苷、山茶皂苷、茶多酚等生物活性物质。山茶油色泽金黄或浅黄，气味清香、味道纯正。发烟点为252℃，用山茶油烹饪、炒菜，油烟少，民间称其为“爱妻油”。精炼茶油耐储存、耐高温，适合作为炒菜油和煎炸油使用。

油茶跟我们平常所喝的茶叶为同科同属不同种，油茶籽榨出来的油称为山茶油，茶树籽榨出来的油称为茶叶籽油（表2-4）。

表2-4　山茶油、茶叶籽油和茶树精油

项目	山茶油	茶籽油	茶树精油
植物来源	山茶科山茶属油茶（*Camellia oleifera* Abel.）成熟果实山茶籽/油茶籽	山茶科山茶属茶树（*Camellia sinensis* L. O. Ktze.）的种子茶叶籽	桃金娘科白千层属互叶白千层（茶树）新鲜枝叶
化学组成	脂肪酸甘油酯，油酸含量80%以上	脂肪酸甘油酯，油酸含量约为60%	100多种化学成分，主要含萜品烯等挥发油、三萜、鞣质、脂肪酸和脂类化合物
用途	食品、药品、化妆品	新食品原料	药品、化妆品

（十）玉米油

玉米油又称粟米油、玉米胚芽油。玉米胚芽脂肪含量为17%～45%，大约占玉米脂肪总含量的80%以上。玉米油中的脂肪酸特点是不饱和脂肪酸含量高达80%～85%。脂肪酸组成与葵花籽油类似，单不饱和脂肪酸和多不饱和脂肪酸的比例约为1：2.5。玉米油中维生素E含量丰富，有抗氧化作用。外观色泽金亮透明，具有玉米独特的香气，适合烹炒和煎炸。在高温煎炸时，稳定性很高，不仅能使油炸的食品香脆可口，而且能保持菜品原有的色香味，不对食品中原有的营养物质进行破坏，也不易氧化变质。玉米油可直接进行凉拌食用，玉米油调拌的凉菜，香味宜人，口感细腻而不油腻。

（十一）米糠油

米糠是去壳稻谷胚种的外部物质，是由糙米碾白过程中被碾下的皮层及少量米胚和碎米组成。米糠油是以米糠为原料，压榨或浸出法制取的食用油。米糠油不饱和脂肪酸含量高达80%～85%，包括油酸（42%）、亚油酸（38%）、α-亚麻酸，此外还含有饱和脂肪酸软脂酸和硬脂酸。其中亚油酸和油酸的比例约为1：1.1，接近世界卫生组织建议的黄金比例。米糠富含谷维素、生育酚、胡萝卜素、肌醇和植物甾醇等生物活性物质，总数达100种以上，其中谷维素，具有镇静助眠、缓解疲劳的功能，还具有减缓氧化反应、增加油脂稳定性的作用。米糠油在食用方面最突出的优点是具有优质的煎炸功能，米糠油抗氧化能力极好，特别适合作为煎炸食用油，在煎炸时不起沫，能赋予煎炸食品良好稳定的风味，并且能增加食品的食用口感。工业生产过程中，米糠油还是大规模生产风味土豆片，煎炸小吃食品的高质量煎炸用食用油，还能长时间储存。

（十二）琳琅满目的小品种食用油

近年来，不断有小品种油被批准为新食品原料，极大地丰富了食用油市场。表2-5中列出的小品种植物油都富含不饱和脂肪酸。山茶油和杏仁油单不饱和脂肪酸油酸含量很高，尤其是山茶油，这种脂肪酸组成与橄榄油类似。大部分小品种食用油都富含多不饱和脂肪酸，尤其是必需脂肪酸。必需脂肪酸α-亚麻酸在主要的植物油中含量不高，很多食用油比如花生油、棉籽油、葵花籽油等几乎不含亚麻酸。一些小品种油可以作为α-亚麻酸的良好补充，比如亚麻籽油、牡丹籽油、杜仲籽油、紫苏籽油、月见草油等。此外，小品种食用油的油脂伴随物也各有特色，例如南瓜籽油富含角鲨烯（198mg/100g）。富含维生素E的有杜仲籽油（1067.6mg/kg），沙棘籽油（898.1mg/kg），玉米油（886.5mg/kg）。除维生素E外，酚类化合物也是食品中重要的抗氧化物，榧籽油中总酚含量高达12630mg/kg，紫苏籽油11090mg/kg。米糠油富含植物甾醇775.2mg/100g，玉米油含490.6mg/100g，此外亚麻籽油、紫苏籽油、红花籽油中植物甾醇含量也很丰富。由此，我们可以看出，小品种油在营养上具有与主要食用油不同的营养特点，可以作为日常食用油的良好补充。

表2-5　市面上常见小品种食用油脂肪酸特点　　单位：%

国内市场常见小品种油	SFA①	MUFA②	PUFA③	油酸	必需脂肪酸	
				$C_{18:1}$	$C_{18:2}$	$C_{18:3}$
月见草油（Evening Primrose Oil）	9.35	3.02	87.31	2.64	17.70	68.95
紫苏籽油（Perilla seed Oil）	6.99	16.76	76.25	16.65	14.32	61.93
杜仲籽油（Eucommia ulmoides Oliver Seed Oil）	13.21	17.32	69.45	16.86	12.66	56.79
亚麻籽油（Flaxseed Oil）	12.71	23.54	63.20	23.29	13.86	49.17
牡丹籽油（Peony Seed Oil）	8.04	30.76	60.28	30.76	20.75	39.53
沙棘籽油（Sea Buckthorn Seed Oil）	11.87	22.94	59.84	22.33	31.60	28.24
核桃油（Walnut Oil）	8.38	18.24	68.89	18.24	58.59	10.30
元宝枫油（Acer truncatum Bunge Seed Oil）	7.94	52.81	39.20	25.80	37.35	1.85
玉米油（Corn Oil）	15.39	31.34	52.82	31.34	51.64	1.18
山茶油（Camellia Oil）	17.26	72.50	10.10	72.50	9.50	0.60
榧籽油（*Torreya Grandi*s Seed Oil）	11.36	33.37	55.30	32.86	44.64	0.39
葡萄籽油（Grape Seed Oil）	11.07	17.07	71.80	16.69	71.48	0.32
杏仁油（Almond Oil）	5.77	67.65	26.58	66.97	26.31	0.27
红花籽油（Safflower Oil）	9.79	11.65	78.12	11.40	77.93	0.19
米糠油（Rice Bran Oil)	19.13	47.32	32.65	47.22	32.65	
南瓜籽油（Pumpkin Seed Oil）	18.84	28.25	52.92	28.25	52.92	
番茄籽油（Tomato Seed Oil）	24.48	21.79	53.70	21.79	53.70	

注：①SFA饱和脂肪酸；
②MUFA单不饱和脂肪酸；
③PUFA多不饱和脂肪酸。

二、动物油脂

图2-13　动物油脂来源

动物来源的脂肪脂肪酸组成都比较复杂（图2-13）。动物油脂有陆地动物油脂和海产动物油脂。陆地动物油脂包括牛脂、猪脂、羊脂、乳脂和鸡脂。海产动物油脂包括从哺乳动物鲸类和海洋鱼类获取的油脂。

（一）鱼油

鱼类食物链结构不同，造成鱼油与陆地动物油脂存在较大的差别。鱼油的不饱和脂肪酸总量高达60%～90%，常温下大多是液体油。

1．海洋鱼油

海洋鱼油富含多不饱和脂肪酸且脂肪酸组成种类比较复杂。几乎所有的海洋鱼油都富含*n*-3多不饱和脂肪酸（EPA和DHA），一般来说，深海鱼油的*n*-3多不饱和脂肪酸含量要远高于淡水鱼。这主要和品种、食物和生长环境有关，如金枪鱼油的EPA含量为7.8%，DHA含量可以达到30%以上。鱼油还含有少量的脂溶性维生素、色素，海洋鱼肝油中维生素A和维生素D的含量很高。海洋鱼油的多不饱和脂肪酸含量很高，易发生氧化哈败，多不饱和脂肪酸容易氧化成挥发性的小分子醛、酮和酸，产生不良风味。一般海洋鱼油都是以软胶囊和粉末油脂的产品形式出现。

2．淡水鱼油——巴沙鱼油

饱和度高，脂肪酸组成和棕榈油类似，含有大量棕榈酸和油酸，熔点接近棕榈油，但是脂肪酸在甘油三酯的排布和棕榈油不同，是一种非常好的用作人造奶油的油脂原料。

（二）陆地动物油脂

1．猪油

在陆地动物油脂中，猪油是我国居民的传统食用油，其食用历史之长，范围之广，超过其他任何食用油。猪油分为猪板油（腹背部皮下组织）和猪杂油（猪内脏），一般猪板油熔点更低，猪杂油的熔点较高。猪油含饱和脂肪酸约41.1%，单不饱和脂肪酸约45.6%，多不饱和脂肪酸约8.5%，猪油主要以硬脂酸（5%～24%），油酸（36%～62%）和亚油酸（3%～16%）为主。猪油脂肪酸种类也很复杂，主要受到组织位置、饲料影响。每100g猪油含胆固醇约93mg。猪油中天然抗氧化成分含量低，未精炼的猪油容易氧化变质，出现哈喇味。猪油在我国是以烹调为主，有特有香味，易于消化，能量高，一直受到大型餐饮行业欢迎。在西方国家，猪油则是主要用于起酥油生产。

表2-6　动物油脂营养特点比较

油料		脂肪酸组成	油脂伴随物	其他
猪油	猪腹背部皮下组织、猪内脏	含饱和脂肪酸约41.1%，单不饱和脂肪酸约45.6%，多不饱和脂肪酸约8.5%	每100g猪油含胆固醇约93mg，也含有维生素A、维生素E	未精炼的猪油容易氧化变质，出现哈喇味
牛油	牛的脂肪组织、体膘	牛油含饱和脂肪酸约54.4%，单不饱和脂肪酸约28.9%，多不饱和脂肪酸约4.0%	含有少量维生素A和维生素E。每100g牛油含有胆固醇153mg	熔点高于体温，不易消化吸收
乳脂	牛乳或羊乳	脂肪酸有500多种，70%是饱和脂肪酸	磷脂，少量维生素A、维生素D、维生素E和风味物质	天然含有少量反式脂肪酸
鸡脂	肉鸡的脂肪组织	不饱和脂肪酸含量明显高于饱和脂肪酸含量，主要脂肪酸为油酸、棕榈酸、亚油酸等		

2．牛油

欧洲百姓的传统食用油则是牛油。如表2-6所示，牛油含饱和脂肪酸约54.4%，单不饱和脂肪酸约28.9%，多不饱和脂肪酸约4.0%。牛油的脂肪酸同样是受到了牛的品种，喂养的饲料等很多因素影响。牛油的主要脂肪酸是棕榈酸（17%～37%）、硬脂酸（6%～40%）和油酸（26%～50%），牛油含有少量维生素A和维生素E。每100g牛油含有胆固醇153mg。牛油的熔点高于体温，不易消化吸收。牛油是制作人造奶油和起酥油等食品专用油脂的原料，如牛油与植物油混合的煎炸油煎炸食品会有一种类似牛油的风味。

3．乳脂

乳脂是天然油脂中成分最复杂的。牛乳脂中甘油酯占98%，已经检出的脂肪酸有500多种，其中有近20种脂肪酸占脂肪酸总量的90%。据报道牛乳脂中约70%是饱和脂肪酸，其中11%是短链饱和脂肪酸，一半短链饱和脂肪酸是4个碳的丁酸。C_{16}和C_{18}的长链脂肪酸约占乳脂的50%。短链脂肪酸消化吸收快，长链脂肪酸消化吸收慢，而且容易增加血液黏度。乳脂中天然含有反式脂肪酸。乳脂产品主要有无水乳脂和黄油等。黄油天然风味良好，可用于加工焙烤食品，肉类煎烤等。

反刍动物油脂为何含有少量天然反式脂肪酸

与植物来源的植物油不同，牛的胃部会受到含有还原酶和移位酶的影响，同时也含有可以氢化油酸和亚油酸的酶，这使得牛油和乳脂含有较多饱和脂肪酸，以及部分反式脂肪酸。

4．其他动物油脂

我国应用动物油入药已有很悠久的历史。《中国药用动物志》中记载獾油具有清热解毒、消肿止痛、润肠作用，主治烫伤、火伤。獾油的主要脂肪酸是油酸、亚油酸和棕榈酸，其次是棕榈油酸和硬脂酸。熊油为熊科动物棕熊、黑熊或马熊的脂肪油，古称熊白，《洞天奥旨》记载具有补虚损、强筋骨、润肌肤之功效。《名医别录》记载了马油具有生发护发的作用。《本草纲目》中详细记载马油能够生发，治疗面黑（增白）和手足干裂粗糙，对肌肉痉挛和面部中风麻痹有缓解作用。新疆农业大学研究报道精炼后的马油不饱和脂肪酸的含量可达到82.95%，以油酸、亚油酸为主。蛇油在中医临床上常被用于治疗烫伤、皲裂、冻疮等疾病，蛇油含有60%以上的不饱和脂肪酸，主要是油酸、棕榈酸和亚油酸。

5．植物油与动物油

植物油与动物油含脂肪酸的种类不同，大部分植物油含不饱和脂肪酸比例高，熔点低，室温下是液体油；大部分动物油（鱼油、鸡油除外）含饱和脂肪酸比例高，熔点高，室温下是固体脂。二者含必需脂肪酸的数量不同，许多植物油含丰富的必需脂肪酸，动物油中含量很少。二者的胆固醇含量不同，植物油中不仅几乎不含胆固醇，而且含有豆固醇、谷固醇、麦角固醇等对人体非常有益的植物甾醇，而动物油中胆固醇含量较多。植物甾醇能调整机体胆固醇代谢，阻碍胆固醇在小肠内的吸收。还可以提高机体抗氧化功能，防治高血压与心血管疾病。二者所含脂溶性维生素不同，植物油主要含维生素E、维生素K，动物油主要含维生素A、维生素D（表2-7）。

表2-7　植物油与动物油比较

分类	植物油	动物油
饱和脂肪与不饱和脂肪	大部分含不饱和脂肪酸高（椰子油，棕榈油等除外）	大部分含饱和脂肪酸高（鱼油和鸡油除外）
必需脂肪酸	含丰富的必需脂肪酸	动物油中含量较少（鱼油除外）
固醇	几乎不含胆固醇，含有植物甾醇	胆固醇含量较多
脂溶性维生素	主要含维生素E、维生素K	主要含维生素A、维生素D

三、调和油

调和油是根据风味、营养或者加工要求将两种及以上的植物油或者动物油调配制成的油脂。大致分为营养型调和油、风味型调和油和加工特性调和油。

（1）营养型调和油　营养特性组成基本符合联合国粮农组织和世界卫生组织的推荐意见，或者符合各国营养学会推荐的有益于本国人群身体健康的脂质组成复配油脂。

（2）风味型调和油 将芝麻油、花生油等富含天然风味的油脂与其他烹调油复配，得到轻微香味的调和油，以迎合消费者需求。

（3）加工特性调和油 单一油脂用于食品加工时，常因物化性质缺陷，在应用上受到限制，所以需要调和使其达到某种特定加工功能。

2018年12月21日，GB 2716—2018《食品安全国家标准 植物油》正式发布，与原标准相比，新标准增加了对食用植物调和油命名和标识的要求等。要求注明各种食用植物油的比例，大大有助于消费者了解调和油的品质。调和油配比不明的情况也随着新国标的正式施行而结束。

四、来自微生物的食用油脂

许多添加到孕婴食品、保健食品、水产饵料、动物饲料的长链多不饱和脂肪酸花生四烯酸（ARA）、二十二碳六烯酸（DHA）和二十碳五烯酸（EPA）等功能油脂是利用微生物生产的（图2-14）。霉菌、酵母菌、细菌和微藻等都属于微生物，有些微生物体内能积累大量甘油三酯，这种微生物油脂（Microbial Oils）又称单细胞油脂（Single Cell Oils，SCO）。

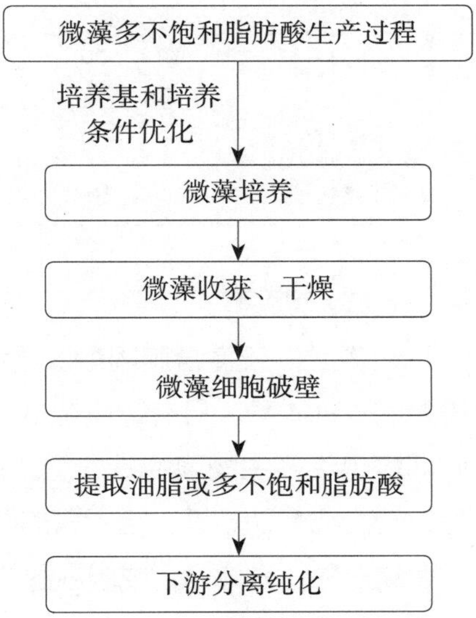

图2-14 微藻生产多不饱和脂肪酸

在食品中应用最多的单细胞油脂主要是单细胞藻类发酵生产的富含DHA和EPA的藻油。在我国，裂壶藻（*Schizochytrium* sp.）、吾肯氏壶藻（*Ulkenia amoeboida*）、寇氏隐甲藻（*Crypthecodinium cohnii*）被列为食用性安全藻类，利用它们发酵产生的DHA藻油被批准为新资源食品。2011年国家批准的新资源食品中DHA藻油的推荐食用量为≤300mg/d，DHA藻油国际标准推荐摄入量为160～400mg/d。DHA藻油相对于鱼油具有DHA含量更高，无重金属污染，EPA含量较低，安全易吸收等优点。

五、油脂中的天然生物活性成分

油脂中含有种类繁多的类脂包括磷脂、植物甾醇、动物固醇和固醇酯。植物毛油精炼的过程中这些生物活性物质都有损失，但正是这些植物活性物质发挥着重要的健康功能。

（一）能调节胆固醇代谢的植物甾醇

植物甾醇来源于植物，与动物来源的胆固醇结构相似。目前已经报道的植物甾醇有100多种。植物油主要含β-谷甾醇（β-Sitosterol）（约占95%），以及豆甾醇（Stigmasterol）

和菜油甾醇（Campesterol）。植物甾醇能调整机体胆固醇代谢，阻碍胆固醇在小肠的吸收，有效降低血清胆固醇水平，此外还具有抗炎、免疫调节和抗癌的作用。植物油和谷物是植物甾醇最丰富的食物来源（表2-8）。植物毛油经过精炼，特别是碱炼和脱臭后，一半以上的植物甾醇被废弃了。

表2-8　植物甾醇含量较高的小品种植物油　　单位：mg/100g

植物油	谷甾醇	豆甾醇	菜油甾醇	植物甾醇总含量
米糠油	493.3	106.0	175.9	775.2
玉米油	266.3	32.6	191.7	490.6
亚麻籽油	237.5	53.5	112.1	403.1
紫苏籽油	318.6	10.5	18.7	347.8
红花籽油	168.3	25.4	50.0	243.7

（二）胆固醇

动物油一般富含胆固醇。固醇类是一类含有多个环状结构的脂类化合物。胆固醇是最重要的一种固醇，具有环戊烷多氢菲的基本结构，人体各组织中皆含有胆固醇（图2-15）。胆固醇是许多生物膜的重要组成成分，也是体内合成维生素D_3及胆汁酸的前体，在体内还可以转变成多种激素。胆固醇的两个主要来源：内源性的，主要由肝脏合成；外源性的，通过食物摄入，占体内合成胆固醇的1/7～1/3。膳食胆固醇的吸收率约为30%，人们不需要通过食物获得胆固醇。

近几十年来的许多研究显示，膳食胆固醇对大多数人的血胆固醇水平影响很小。2013年中国营养学会在膳食营养素参考摄入量的建议中，去掉了对膳食胆固醇的上限。2020版

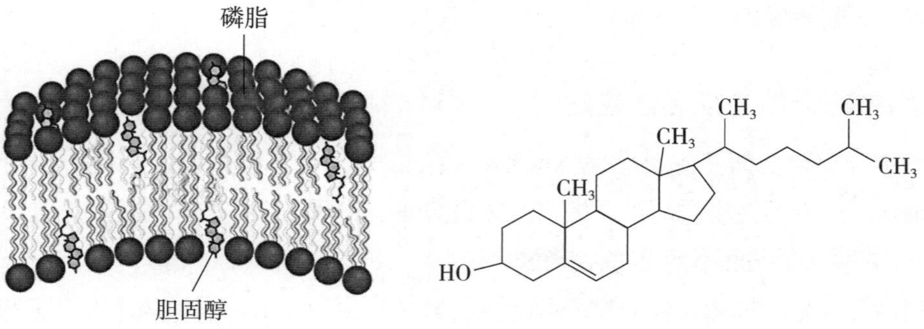

图2-15　细胞膜上的胆固醇

的《美国居民膳食指南》没有录入“膳食胆固醇每日摄入量不超过300mg”的膳食推荐。但是这种变化并不意味着在建立健康饮食模式时，膳食胆固醇的摄入不重要。目前对健康人群的膳食胆固醇不再严格限制，对膳食胆固醇敏感的人群和代谢障碍人群必须严格控制饱和脂肪和膳食胆固醇的摄入。

（三）脂溶性维生素

维生素是维持机体生命活动所必需的一类低分子质量有机化合物。脂溶性维生素是指不溶于水而溶于脂肪及有机溶剂的维生素，如维生素A、维生素D、维生素E、维生素K。常见食用油中，牛油、猪油、羊油等大部分动物油都富含维生素A。棕榈油和辣椒油富含维生素A和胡萝卜素，因而油是红色的。植物油的脂溶性维生素主要是维生素E（表2-9）。维生素E具有很强的抗氧化作用，不仅有利于植物油储存过程中的品质保障，还能有助于预防心血管疾病、阿尔茨海默病等的预防。维生素E又称生育酚（Tocopherols）包括α-、β-、γ-、δ-生育酚。

表2-9 常见食用油中维生素E的含量 单位：mg/100g

食用油	猪油（炼）	豆油	花生油	葵花籽油	棉籽油	玉米油	菜籽油
含量	5.21	93.08	42.06	54.60	86.45	50.94	60.89

（四）磷脂

磷脂是指甘油三酯中一个或两个脂肪酸被磷酸或含磷酸的其他基团所取代的一类脂类物质，包括神经鞘磷脂和磷酸甘油酯如卵磷脂、脑磷脂、肌醇磷脂（图2-16）。磷脂是所有活细胞细胞膜的组成成分，也是构成神经组织，特别是脑脊髓的主要成分，对人体的正常活动和新陈代谢起着重要作用。大脑和肝脏磷脂含量最多，分别达到43.0%和10.3%。这些磷脂中，磷脂酰胆碱和脑磷脂基本比例是1∶1，肺中磷脂则以磷脂酰胆碱为主，达到47.5%。人体细胞每天都要消耗磷脂，血液中脂蛋白和胆囊中的胆汁也消耗大量磷脂。胆囊每天向消化道分泌磷脂约11.4g，人体每天一般从食物中可摄入的磷脂为1.7～2.2g，大部分磷脂是由人体自身合成。磷脂和普通脂肪甘油三酯一样可以提供能量。磷脂具有乳化作

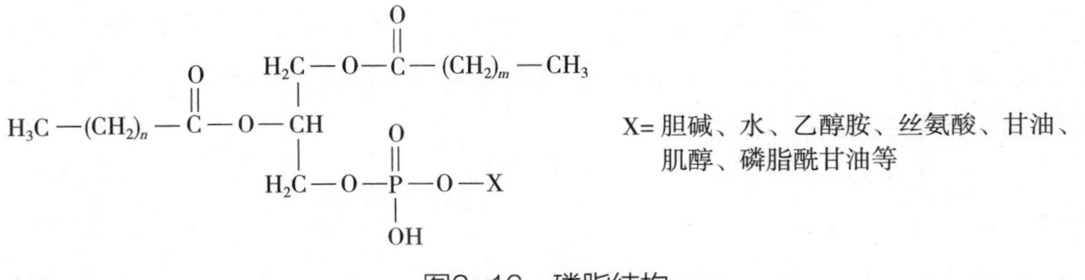

图2-16 磷脂结构

用，可使脂肪悬浮于体液中，有利于脂肪的消化吸收。磷脂也常用作食品乳化剂用在人造奶油、巧克力、蛋黄酱等食品中。

大豆磷脂是卵磷脂、脑磷脂等多种磷脂的混合物。早在1847年，化学家就从卵黄中获得一种含磷类脂物，并将其命名为卵磷脂。随后人们认识到卵磷脂是一种混合物，学术上将其统称为"磷脂"。1925年，Leven将卵磷脂（磷脂酰胆碱）从其他磷脂中分离出来。大豆磷脂是1930年发现的。卵磷脂是人体含量最多的一种磷脂，占磷脂总量一半以上。目前，学术界将一种磷脂混合物中磷脂酰胆碱（Phosphatidylcholine，PC）含量高于50%的产品称为卵磷脂，否则称其为磷脂。

卵磷脂主要有四大健康功效：一是细胞的守门员，是细胞膜磷脂的重要成分；二是血管的清道夫，防止胆固醇等沉积到血管壁上；三是肝脏的保护神，协助肝脏解毒；四是预防老年痴呆，卵磷脂提供胆碱，后者是合成乙酰胆碱必需的原料。乙酰胆碱不仅是大脑和神经功能必需的神经递质，还能帮助人体合理利用脂肪。卵磷脂被称为"可以吃的清洗剂"。磷脂分子同时存在亲水的磷酸根与氨基醇基团，以及亲油的碳氢键疏水基团，能起表面活性作用即乳化作用，使油水两相形成稳定的乳胶体，可作为一种天然乳化剂用于食品工业。

（五）角鲨烯

角鲨烯最早是从深海鲨鱼的肝脏中提取得到，也因此得名。角鲨烯是三萜烯化合物，是生物体内合成固醇类物质的前体，未精炼的天然植物油中都含有角鲨烯（图2-17），初级特榨橄榄油中角鲨烯含量为200～700mg/100g，南瓜籽油也含丰富的角鲨烯（198mg/100g）。角鲨烯是天然抗氧化剂，与人体皮肤亲和力极佳，能促进血液循环、消炎杀菌、修复细胞、保护心脏。

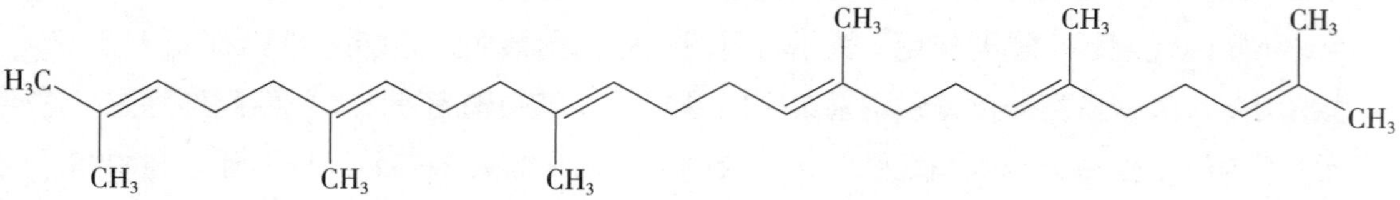

图2-17　角鲨烯

此外，油脂中还含有丰富的多酚类物质，例如，橄榄油中的羟基酪醇。天然色素也常见于油脂中，如辣椒油、棕榈油、橄榄油中富含类胡萝卜素，橄榄油中还富含叶绿素。谷维素又称米糠素，是人体自主神经调节剂，可缓和更年期出现的健康障碍，有效改善睡眠质量。米糠毛油富含谷维素。

六、小结

全球植物油市场棕榈油、大豆油、菜籽油和葵花籽油供应量占据85%以上。我国居民食用油以天然植物油为主。我国是大豆油的主要消费国家，菜籽油、花生油也是我国传统烹饪油，棕榈油广泛用作煎炸油、烘焙油脂等食品工业专用油脂。植物油种类繁多，各种植物油的脂肪酸组成、油脂伴随物、风味、稳定性等不尽相同，因而各有特色。我国对动物油的大量应用早于植物油，动物油中饱和脂肪酸含量高，含有胆固醇和脂溶性维生素。单细胞藻类可以发酵生产多不饱和脂肪酸，是鱼油以外多不饱和脂肪酸的另一重要来源。各种油脂通过调和可以在风味和营养方面取长补短。

思考题

1. 橄榄油的特征脂肪酸是什么？
2. 为什么有些植物油在冬天会出现“絮凝”现象？出现“絮凝”现象的植物油还可以食用吗？
3. DHA一定来自鱼油吗？

第六节　食用油安全

食用油的安全问题可能来自从油料作物的种植、收割、储藏，到食用油加工和使用等各个环节。例如，菜籽天然含有芥子油苷（硫苷）、棉籽油中的棉酚等毒性成分；花生、玉米在种植、收割和储藏过程中污染黄曲霉毒素等真菌毒素；油料中的农药残留；热榨过程中产生的苯并芘；油脂氢化产生的反式脂肪酸；溶剂浸出法制取的毛油中溶剂残留超标；高温煎炸过程中形成的杂环化合物、氧化聚合物；油脂存放过久或者储存条件不良造成的酸败等。

一、反式脂肪

氢化油是当前在加工食品中使用最为广泛的一种人造油脂。氢化油是如何产生的？反式脂肪酸是什么？世界卫生组织为何要求把反式脂肪酸从日常膳食中排除出去？

氢化油的诞生可以追溯到19世纪的普法战争。由于奶油供应紧张，化学家发明了人造奶油，是将动物油脂与牛奶调配而成，又称麦淇淋（Margarine）。30多年后，植物油加氢技术以金属镍为催化剂，将氢气注入植物油，在一定的温度和压力下，与油脂的不饱和双键发生加成反应，使不饱和脂肪酸中的双键部分或者全部转变为饱和的单键。从而将富含不饱和脂肪酸的液态植物油变成了富含饱和脂肪酸的类似奶油的固态或半固态的“部分氢化植物油”，氢化油随后成为大量生产“人造奶油”的原料（图2-18）。

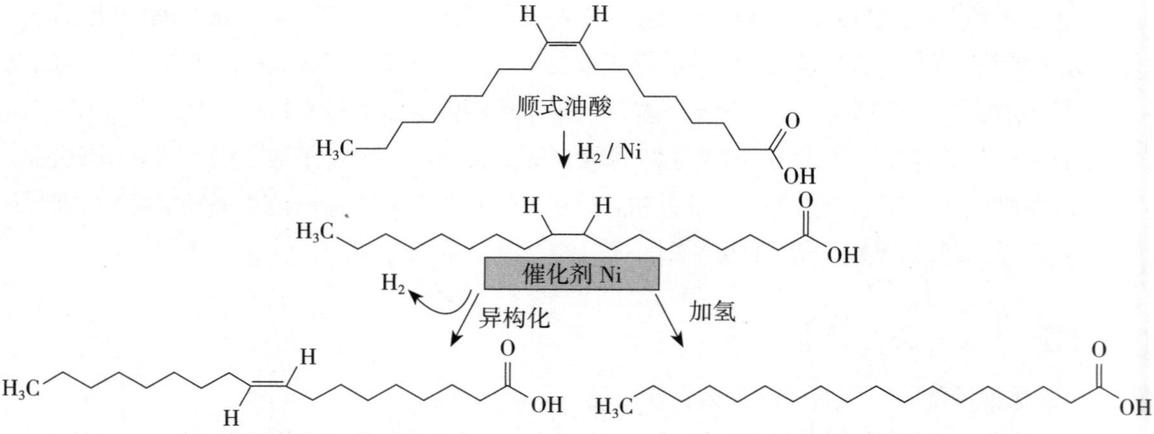

不良副产物（反式油酸）　　　　目标饱和产物（硬脂酸）

图2-18　油脂氢化反应与反式脂肪酸的产生

至今氢化油已经进入了各种加工食品的生产中。氢化油是当前世界上消耗量最大的油脂化工产品。然而氢化不仅将油脂的不饱和键转换为饱和键，液态油转化为固体或半固体油脂，同时也产生了在天然油脂中很少存在的反式脂肪酸。

1．反式脂肪酸的危害

食用脱脂或低脂的乳制品、瘦肉，会减少从这些食物中摄入天然反式脂肪酸。反式脂肪酸主要来源于人工合成的部分氢化的植物油以及含有这些油的加工食物。氢化油中反式脂肪酸含量为25%～45%，有些氢化油中的反式脂肪酸甚至高达60%～70%。1957年，美国医生在对心脏病人血管进行研究时，不出意料地发现血管中充满了堆积的脂肪，但是分析发现这些并非普通脂肪，而是一种特殊的脂肪——反式脂肪。“反式脂肪酸”真正引起民众广泛关注是近二十多年来的事。1993年，论文*“Intake of trans fatty acids and risk of coronary heart disease among women”*（反式脂肪酸摄入与女性冠心病风险的关系）在《柳叶刀》发表。论文研究团队从1980年起，以85095名没有诊断为冠心病、糖尿病、高血压等疾病的妇女为对象，研究膳食反式脂肪酸摄入和冠心病的关系，在追踪调查的8年间有431例新发冠心病，文章指出反式脂肪酸的摄入与冠心病高风险直接相关。其中前十年内食用人造奶油习惯比较稳定的69181位妇女，与冠心病的风险相关性更为密切，摄入部分氢化植物油产品可能导致冠心病。《中国居民膳食指南科学研究报告（2021）》指出，反式脂肪摄入过多可导致心血管疾病死亡风险升高14%，来自反式脂肪的能量摄入每增加1%，心血管疾病死亡风险增加6%。反式脂肪酸可干扰必需脂肪酸代谢，可能影响儿童的生长发育及神经系统健康。此外，反式脂肪酸诱发肥胖，皮肤过敏，抑郁症，加速肿瘤生长，导致女性不孕的研究均有报道。

2．反式脂肪酸含量高的食物

近30年来，我国居民膳食结构有所变化，含反式脂肪酸的“洋快餐”、人造奶油、面包、蛋糕、饼干、炸薯条年销售量以每年7%~9%的速度增长。以一份含汉堡包、炸薯条和甜点的“洋快餐”套餐为例，反式脂肪酸含量可能在0.91%~11.98%。2011年专项调查显示北京、广州两城市居民反式脂肪酸供能比为0.3%。我国居民反式脂肪酸主要来自加工食品，占71%，其中又以植物油来源最高，约占50%，如植物人造黄油蛋糕，含植脂末的奶茶等这些都是含部分氢化植物油的加工食品；29%的反式脂肪酸来自天然食品如奶类。广东省汕头市质量计量监督检测所于2018年采集49个品牌759份食品样品检测食品中反式脂肪酸含量，结果显示63.4%的被检食品中含有反式脂肪酸，其中深受年轻人喜爱的威化饼干、夹心蛋糕、蛋黄派、代可可脂及巧克力制品、速溶咖啡、速溶麦片、冰淇淋、炸薯条和蛋挞中反式脂肪酸检出率超过50%，蛋黄派和蛋挞是含量较高的食品类别（图2-19）。

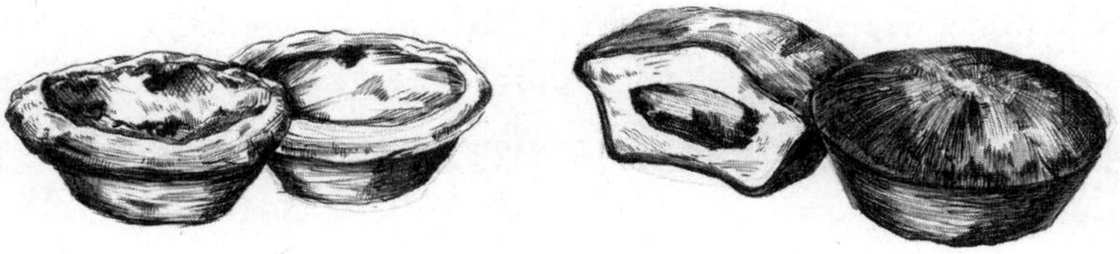

图2-19　蛋挞和蛋黄派

3．反式脂肪酸的强制性管理

目前，我国的食品安全国家标准要求将反式脂肪酸规定为营养标签强制标示内容，要求食品配料含有或生产过程中使用了氢化和（或）部分氢化油脂时，在营养成分表中还应标示出反式脂肪（酸）的含量。早在2003年，丹麦市场上含“反式脂肪酸”超过2%的油脂都禁止出售。《中国居民膳食营养素参考摄入量》提出“我国2岁以上儿童和成人膳食中，来源于食品工业加工产生的反式脂肪酸的最高限量为膳食总能量的1%”，大致相当于2g。

2015年，美国FDA最终裁定将“部分氢化植物油”剔除出“通常被认为安全（GRAS）的成分名单”，这意味着“部分氢化油”将被作为食品添加剂来管理。并要求2020年1月以后禁止在食品中使用部分氢化植物油，实现反式脂肪酸零容忍。世界卫生组织发布名为“取代”的行动指导方案，该方案计划于2023年之前彻底清除全球食品供应链中使用的人造反式脂肪。

二、油脂的异味

1．油脂的酸败和异味

氧化或水解后的油脂极易产生醛类、酮类和游离脂肪酸等小分子物质，其中大多数都具有刺激性气味，当不同的气味混合在一起时，就形成了哈喇味，这种现象称为油脂酸败。造成油脂酸败主要有两个原因，一是油脂精炼程度不够，含有水分和残留油料杂质。油料残渣中植物组织脂肪酶和微生物脂肪酶引起油脂水解产生甘油和脂肪酸，脂肪酸进一步氧化，最终生成酮类物质，这也就是毛油的储存期较短的原因。另一个原因是食用油和含油食品存储不当或者存放过久，在氧气、紫外线和高温的作用下发生水解和自动氧化，富含不饱和脂肪酸特别是多不饱和脂肪酸的油脂更容易发生自动氧化。富含不饱和脂肪酸的植物油比动物油更容易酸败变质就是这个原因。自动氧化的产物包括醛、酮、醇等物质，使油脂散发出刺鼻的气味。酸败的油脂加热时，水解产物甘油在高温下产生的烟雾状丙烯醛具有强烈的辛辣气味。油脂酸败不仅降低食用油的营养价值、食用性，酸败产物也会损害人体健康。

动、植物毛油中的杂质和水分含量高容易酸败变质，日常食用油建议购买精炼过的食用油。俗话说陈酒新油，食用油受热和长时间光照，特别是紫外光会导致氧化酸败，不饱和脂肪酸含量高的食用油，部分转化成羰基化合物出现哈喇味。油脂氧化的产物如过氧化物等会损坏肝脏和免疫系统。食用油储存过程应该尽量密封、低温和避光。含有维生素E等抗氧化剂的食用油一般储存期较长。储油容器通常有玻璃材质和塑料材质的。如油瓶要避光、隔氧、干燥。不要用老油瓶装油，要用清洁、干燥的新油瓶。建议根据需要尽量选择小包装的食用油。

过氧化物（Peroxide）是油脂在氧化过程中的中间产物，容易分解产生挥发性和非挥发性脂肪酸、醛、酮等，具有特殊的臭味和发苦的滋味。过氧化值反映的是油脂中氧化中间产物过氧化物的含量水平，用以衡量油脂的氧化程度和品质。市售一级种子油的过氧化值，通常每千克应低于0.1mg。冷榨食用油的过氧化值可以达到0.5mg/kg以下。各种油脂脂肪酸组成不同，达到酸败时的过氧化值也不同。猪油为20mg/kg，橄榄油为50～60mg/kg，豆油、葵花籽油、玉米油达到125～150mg/kg时才出现哈喇味。富含多不饱和脂肪酸的食用油如亚麻籽油等宜放入冰箱保存。过了保质期的油不宜食用。

2. 油脂的回味

油脂的回味是指精炼脱臭后的油脂在放置一段时间后，当过氧化值很低时产生出不好闻气味的一种现象。经多方面研究发现，特别是当油脂中含有较多亚油酸和亚麻酸时（例如豆油、亚麻籽油、菜籽油和海产动物油），极易产生这种现象。油脂出现回味现象时和酸败时产生的气味是不同的，而且不同的油脂发生回味时的气味也不同。如豆油由淡到浓的回味被称为“豆味”“青草味”“鱼腥味”等，氢化的大豆油回味时则会产生“稻草味”。目前关于油脂的回味机理尚不明确，有相关学者推测出现这种现象的原因可能是因为油脂中较多的亚油酸和亚麻酸发生了酸化，生成呋喃类化合物所导致。

三、小作坊、家庭压榨油的质量与安全

随着《舌尖上的中国》的热播，徽州古法榨油引起了观众对传统榨油的关注和热烈反响。2019年一项对广东省消费者的调查显示，81.74%的消费者会选择散装压榨食用油作为日常用油，其中22.46%的受调查者将散装压榨食用油作为主要用油。46.44%的消费者认为散装压榨食用油质量和卫生情况与超市售卖桶装食用油相当，26.09%的消费者认为散装压榨食用油的品质优于超市桶装油。实际情况真是如此吗?

国内不同省市的多项调查显示，小作坊生产的散装油黄曲霉毒素检出率和超标率明显高于超市售卖的桶装油。2016—2017年广州市非正规厂家花生油黄曲霉毒素B1检出率60.0%，超标率26.7%，非正规厂家是指广州市近郊农贸市场和加工场的土榨花生油作坊。正规厂家花生油检出率40.0%，超标率为0。小作坊和家庭一般不具备检测和清除食用油中黄曲霉毒素的能力，购买小作坊花生油产品和家庭自制花生油黄曲霉毒素污染风险大。对海南小作坊食用油的调查发现，小作坊食用油的酸值、过氧化值、苯并（a）芘、黄曲霉毒素B1、菌落总数等超标的问题均有发现。部分小作坊为降低生产成本，常常采用发霉花生、山柚油籽进行制油；生产过程中设备清理不彻底。小作坊生产中所用的设备常年未清洗、消毒，机器中残留物较多，有的甚至有发霉现象；油脂生产、储运过程中受到黄曲霉毒素污染的情况也存在。大量山茶油籽、花生仁等原料直接放在沥青公路上暴晒，极易导致原料因吸附沥青路面上的苯并（a）芘而造成油脂中苯并（a）芘含量超标；小作坊制油过程中为了保持油脂的较好香味，加工人员往往选择较高温度、较长时间的蒸炒，也可能导致苯并（a）芘含量超标。

苯并（a）芘［Benzo（a）pyrene，BaP］是由5个苯环组成的多环芳烃，能使皮肤、肝、胃、肺等组织器官病变，是一种常见的高活性致癌物质。我国食品安全国家标准的限量指标为10μg/kg。油料本身一般不含苯并芘，加工过程中也不可能添加这类成分。但是，油脂在200℃以上的温度就有可能产生致癌物，300℃的温度必然会产生苯并芘等多环芳烃类致癌物。

花生容易污染黄曲霉毒素，且花生仁中的黄曲霉毒素会在制油过程中向花生毛油发生一定程度的迁移。黄曲霉毒素是真菌（主要是黄曲霉和寄生曲霉）产生的次级代谢毒素，其中黄曲霉毒素B1是Ⅰ类致癌物。几乎所有粮谷类食物在适宜条件下都易污染黄曲霉毒素（图2-20）。

调查研究显示，我国食用植物油中黄曲霉毒素污染的情况不可小视，检出率和超标率最高的是花生油，此外玉米油、葵花籽油、大豆油及调和油等都有检出。近年来我国花生油年消费量占全球花生油产量的50%左右。我国食品安全国家标准规定了食品中黄曲霉毒素B1限量标准，其中花生、玉米、花生油、玉米油为20μg/kg，其他植物油为10μg/kg。欧盟对花生（直接食用或用作原料）、油籽（用于加工）的黄曲霉毒素B1限量标准为8μg/kg，黄

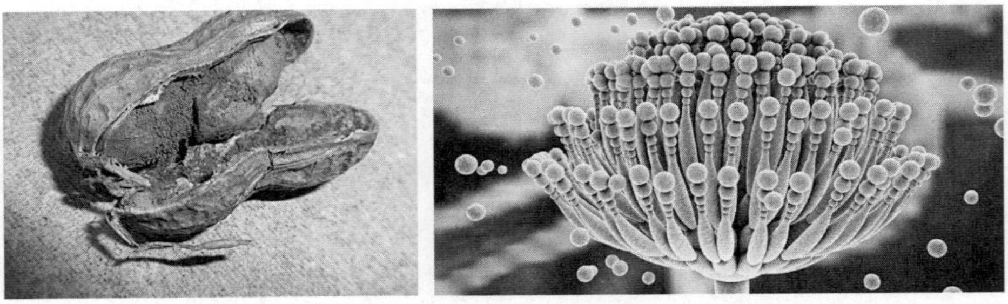

（1）　　　　　　　　　　（2）

图2-20　污染黄曲霉毒素的花生（1）曲霉（2）

曲霉毒素总量的限量标准是15μg/kg。美国要求所有食品中黄曲霉毒素总量的限量标准是20μg/kg。

家庭榨油机制得的食用油安全没有保障。普通百姓没有能力选择安全的油料。家庭压榨得到的油是毛油，毛油含有残留毒素和有害物质，且不耐存放，时间久了容易变质。而且，家庭榨油得到的粕不能得到有效利用造成资源浪费，因此，家庭榨油不值得提倡。

此外，少量食用油的油料和油脂中含有天然毒性成分，例如棉籽的色素腺体中含有多种毒性物质，如棉酚、棉酚紫和棉酚绿。一次性大量食用或长期少量食用含有较高游离棉酚的棉籽油可引起亚急性或慢性中毒，主要对生殖系统、神经系统和心、肝、肾等实质脏器功能产生严重损害。棉籽油毛油中含有棉酚，冷榨法生产的棉籽油毛油棉酚含量比热榨法高。毛油经过精炼可以去除棉酚。我国GB/T 1537—2019《棉籽油》规定，棉籽油中游离棉酚含量一级、二级棉籽油应≤50mg/kg，三级棉籽油应≤200mg/kg。

四、烹饪中减少厨房油烟

对于大多数人来说，家庭烹饪是每天的必修课，但厨房弥漫的油烟对身体健康影响很大。不同的食用油烟点不同，适合不同油温的烹饪方式。油脂烟点的高低与脂肪酸组成及油脂内游离脂肪酸、磷脂和受热易挥发成分的含量有关。常用食用油的烟点见表2-10。适合凉拌的油有芝麻油、亚麻籽油、冷榨橄榄油、色拉油等。适合水焯后炒菜及中火油炒的食用油有大豆油、玉米胚芽油、花生油、葵花籽油、核桃油、菜籽油、橄榄渣油，以及奶油和猪油。适合大火高温煎炸的油类有棕榈油、椰子油与山茶油。日常饮食不妨采用少油、低温烹饪如蒸、煮、炖、涮等，减少油的摄入。

油脂烟点

油脂烟点是指油脂在避免通风的情况下加热，当出现稀薄连续的蓝烟时的温度。

表2-10　常见食用油的烟点　　单位：℃

食用油	黄油	压榨花生油	压榨芝麻油	猪油	初榨橄榄油	精炼花生油	精炼大豆油	茶籽油	棕榈油
烟点	121～149	160	177	188	191～207	232	238	252	235

五、小结

油脂中不仅天然存在一些营养活性物质，也存在来自油料的棉酚、黄曲霉毒素等有害物质，因此，有些食用油需要精炼加工后才能食用。不适当的加工也会造成油脂产生有害成分，如苯并芘等多环芳烃类化合物。食用油储存不当或时间太久容易发生氧化酸败，影响风味和食用品质。科技是一把双刃剑，科技推动食品、油脂行业的进步，也创造了反式脂肪酸含量高的部分氢化植物油。

思考题

1. 有天然含反式脂肪酸的油脂吗？
2. 家庭中能检测出油脂中是否含有黄曲霉毒素吗？
3. 油脂出现青草味是氧化了吗？

第七节　科学选择食用油

一、评价食用油的营养价值

评价食用油脂的营养价值主要参考脂肪消化率，必需脂肪酸亚油酸和亚麻酸的含量，各种脂肪酸组成和比例，生物活性物质如脂溶性维生素A、维生素D、维生素E等的含量。膳食脂肪的消化率与其熔点相关，熔点低于体温的脂肪消化率可高达97%～98%；高于体温的脂肪消化率约90%；熔点高于50℃的脂肪较难消化，多见于动物油脂，例如牛油。植物油脂富含不饱和脂肪酸，熔点比富含饱和脂肪酸的动物油脂低，消化率也更高。此外，油脂中的不皂化物含量也影响油脂的消化吸收。植物油特别是谷物类中的胚油如麦胚油含有丰富的维生素E。动物皮下脂肪几乎不含维生素，肝脏脂肪如鱼肝油含有丰富的维生素A和维生素D。

建议选择脂肪酸组成、甘油三酯构型比较合理的食用油，接近人体需求，天然生物活性成分越丰富越好，没有或极少存在对人体健康有害的物质。

二、多样食用油保证膳食脂肪酸平衡

《中国居民膳食指南（2022）》建议培养清淡饮食习惯，少吃高盐和油炸食品。成人食盐不超过5g/d。每天烹调油25～30g，约2汤匙。反式脂肪酸摄入量不超过2g/d。我国居民营养与健康状况调查结果显示，2002年我国居民平均每标准人日食用油的摄入量为41.6g，2010—2012年，我国城乡居民平均每标准人日食用油的摄入量为41.8g，城市居民为43.0g、农村居民为40.8g。到2018年我国人均油脂摄入量已达67g/d，远超《中国居民膳食指南（2020）》推荐的25～30g/d。30年来，我国居民食用油脂消费量逐年递增10%以上。同时，我国居民高脂饮食相关的肥胖与慢性病逐年增加。油脂是高能量食物，无论是动物油脂还是植物油脂，过度食用都对健康不利。

农村人均食用油消费量虽然低于城市，但结构上动物油占比较高。农村居民食用油的消费上，不仅存在消费量超标的问题，而且结构与品种单一。对河南、四川和江苏地区农村消费食用油的研究显示，菜籽油、动物油、花生油和大豆油占农村居民食用油消费的83%。农村居民食用油消费偏好排在前三的分别是口味、安全与习惯，三者合计占比为48.12%；排在第四的是价格，占比14.79%，对营养的考虑次于价格，占比13.42%。

平衡膳食是保障人体营养和健康的基础，食物多样是平衡膳食的基本原则。没有任何一种食物可满足人体所需的能量和全部营养素，食用油也是如此。每种食用油脂都有不同的营养特点，平衡合理的膳食脂肪酸构成有利健康。猪油、牛油、羊油等动物油脂富含饱和脂肪酸；植物油大都富含不饱和脂肪酸。动物油脂含有脂溶性维生素A、维生素D，植物油中富含维生素E和维生素K。高强度证据一致显示，用不饱和脂肪酸，特别是多不饱和脂肪酸代替饱和脂肪酸，与血总胆固醇和低密度脂蛋白胆固醇水平降低有关。高强度证据也一致显示，用多不饱和脂肪酸代替饱和脂肪酸与心血管事件和心血管疾病相关死亡风险下降有关。然而，饱和脂肪酸不容易被氧化，有助于高密度脂蛋白的形成，因此，人体不应完全限制饱和脂肪酸的摄入。多不饱和脂肪酸易被氧化产生脂自由基和过氧化物，对人体健康不利。膳食脂肪酸摄入要平衡多样。荤油和素油搭配，可以取长补短。

日常食用植物油品种众多，不同植物油在营养、风味上各有特色，很难说哪种最好。例如豆油富含人体所需多不饱和脂肪酸和维生素E、维生素D，却不耐储存，容易酸败变质，因此一定要注意出厂日期，尽可能趁“新鲜”食用。玉米油中不饱和脂肪酸含量达80%以上，主要是亚油酸，还富含维生素E，除用于煎、煮、炸外，还可用于凉拌。橄榄油和山茶油中单不饱和脂肪酸含量是所有食用油中最高的，同时还含许多生物活性物质。花生油富含油酸、卵磷脂、脂溶性维生素，以及生物活性很强的天然多酚类物质。

常年固定吃某一种油不值得提倡，因为会造成脂肪酸营养不平衡。*n*-6不饱和脂肪酸亚油酸普遍存在于植物油中，富含*n*-6不饱和脂肪酸亚油酸的植物油包括大豆油、葵花籽油、玉米油、棉籽油、芝麻油等。与亚油酸不同，大部分食用植物油不含*n*-3不饱和脂肪酸亚麻酸，或者含量很低。亚麻籽油和紫苏籽油富含亚麻酸。其中亚麻籽油中亚麻酸含量高达45%～65%，亚油酸含量低。食用亚麻籽油可以补充我们日常膳食中不足的*n*-3不饱和脂肪酸，有助于改善膳食中*n*-6/*n*-3这两种必需脂肪酸的比例。花生油、菜籽油、橄榄油、山茶油等食用油中单不饱和脂肪酸油酸比较丰富。与富含多不饱和脂肪酸的植物油比，单不饱和脂肪酸含量高的植物油氧化稳定性更好。因此，花生油、菜籽油、橄榄油、茶油能保存很长时间。

应定期食用多种食用油，厨房中应经常更换不同种类的烹调油，或食用由几种植物油搭配、调制的混合油。目前我国居民膳食中*n*-6/*n*-3不饱和脂肪酸的摄入比例过高，因此，建议多吃深海鱼类、坚果类等富含*n*-3多不饱和脂肪酸的食物。亚麻籽中*α*-亚麻酸高达50%以上，紫苏籽更高，夏威夷核果油中含30%，火麻油中含*α*-亚麻酸约20%，南瓜籽油中*α*-亚麻酸约15%。此外，菜籽油、核桃油和大豆油中*n*-3多不饱和脂肪酸含量也较高。

三、食用油标签

日常生活中购买的食用油均为预包装产品，选购时阅读预包装上食用油标签可获得该食用油产品的必要信息。

1．产品名称

根据GB 2716—2018《食品安全国家标准　植物油》的规定，食用植物油是以食用植物油料或植物原油为原料制成的食用油脂。单一品种食用植物油，应使用该种食用植物油的规范名称，不得掺有其他品种油脂。如大豆油是以大豆为油料生产的植物油，菜籽油是以菜籽为油料生产的植物油。

采用两种或两种以上食用植物油调配制成的食用油脂，产品名称应统一标注为“食用植物调和油”。调和油不能以其中某成分来命名，如“橄榄调和油”“亚麻籽调和油”则不正确，还应在标签上注明各种食用植物油的比例。

2．营养标签

GB 28050—2011《食品安全国家标准　预包装食品营养标签通则》规定必须在营养成分表中标识的内容有能量、蛋白质、脂肪、碳水化合物和钠的含量及其占营养素参考值（NRV）的百分比。若对除上述内容之外的其他营养成分进行营养声称或营养成分功能声称时，应标示出该营养成分的含量及其占营养素参考值的百分比；若使用了营养强化剂，应标示强化后油品中该营养成分的含量值及其占营养素参考值的百分比。若生产过程中使用氢化或部分氢化油脂，应标示反式脂肪（酸）的含量。

3．配料

GB 7718—2011《食品安全国家标准　预包装食品标签通则》规定，配料表在标签中以

“配料”或“配料表”为引导词，并标明各种配料。如单一品种“大豆油”产品，在其配料表中标出“大豆油”。再如“食用植物调和油”产品，在配料表或邻近部位会标示该产品使用的各种食用植物油的比例，按照递减的顺序标识。食用植物调和油通常有以下几种标示方法：

①大豆油、花生油、菜籽油添加比例为6：2：2；

②大豆油（60g/100g）、花生油（20g/100g）、菜籽油（20g/100g）；

③大豆油（60%）、花生油（20%）、菜籽油（20%）。

以上三种标示均说明该产品是由大豆油、花生油和菜籽油按6：2：2的比例调制而成。

根据农业部869号公告《农业转基因生物标签的标识》等相关规定，转基因食用植物油应当按照规定，在标签、说明书上进行明显、醒目的标示。对我国未批准进口用作加工原料且未批准在国内商业化种植，市场上并不存在该种转基因作物及其加工品的，食用植物油标签、说明书不得标注“非转基因”字样。

4．质量等级

市场上的食用油不仅品种多，同一种油也有不同等级的商品。食用植物油一般可分为一级、二级、三级和四级共四个等级。一级、二级食用油品质好，口味清淡，但植物中的生物活性成分在精炼过程中已被大部分除去。三级、四级食用油则生物活性物质含量会比较多，香气浓，但一定要无异味。压榨花生油、压榨油茶籽油、芝麻油等，只有一级和二级之分。

GB 23347—2021《橄榄油、油橄榄果渣油》将橄榄油分为：初榨橄榄油、精炼橄榄油、混合橄榄油（图2-21）。其中初榨橄榄油又可以细分为可直接食用的初榨橄榄油和不可直接食用的初榨橄榄油（即初榨油橄榄灯油）。

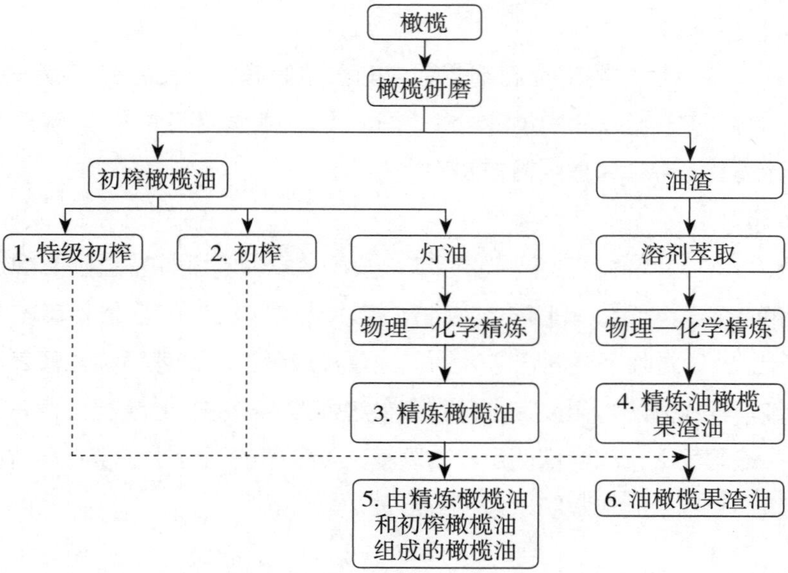

图2-21 橄榄油的加工与分级

油橄榄果渣油包括：粗提油橄榄果渣油、精炼油橄榄果渣油和混合油橄榄果渣油。橄榄果渣因为含油量低，需用溶剂萃取剩余的油脂。精炼橄榄油和精炼油橄榄果渣油可以和初榨橄榄油混合调配，改善风味。

5．生产日期、保质期、储存条件

生产日期、保质期、储存条件三者关系密切。保质期是食用植物油在标签指明的储存条件下保持产品品质的期限。建议选择生产日期距购买时间较近，处于保质期内的产品，并关注产品所要求的储存条件。

特级初榨橄榄油、中级初榨橄榄油、初榨橄榄灯油应表示油橄榄果实的年份。各种橄榄油和橄榄果油应标示包装日期；以包装日期为保质期起点日期，进口分装产品再注明分装日期。

植物油通常应储存在卫生、阴凉、干燥、避光的地方，不得与有害、有毒物品一同存放，尤其要避开有异常气味的物品。依据GB/T 17374—2008《食用植物油销售包装》，植物油应储存于阴凉、干燥及避光的专用仓房内，不应与有毒、有害物质混存。钢桶堆码存放时底层应置垫层。聚乙烯吹塑桶储存温度应在40℃以下。

6．其他信息

（1）净含量　可以用于估计在保质期内能否吃完，或比较食用植物油的性价比。推荐根据需求购买小包装产品。

（2）生产者和经销者信息　包括生产者和经销者的名称、地址和联系方式等。根据生产者实际情况，还可能包括委托单位、受委托单位的名称和地址等信息；进口食用植物油一般不会标示生产者的名称、地址和联系方式，而会标示原产国国名或地区名，以及在中国依法登记注册的代理商、进口商或经销者的名称、地址和联系方式。

（3）产品的食品生产许可证编号、产品标准代号。

（4）生产商可自愿选择标注的内容　对于食用植物调和油，有些生产商在标签中标示其中＞2%脂肪酸组成的名称和含量。

四、小结

“少吃油，吃好油”，成人食盐摄入量≤5g/d，烹调油摄入量25～30g/d，反式脂肪酸摄入量≤2g/d。食用油多样搭配，保证膳食脂肪酸平衡。日常选购食用油时留意标签上提供的信息。

思考题

最新版《中国居民膳食指南》对膳食脂肪酸平衡的建议是什么？

第三章

油与美容

“爱美之心，人皆有之”，美容业的兴起反映出人类对美好生活的向往和不断追求。精油和植物油作为美容界常用的天然产品，了解它们的基本特性及与美容之间的相互关系，对正确使用和搭配精油或植物油进行身体和精神层面的治疗具有重要作用。本章将分四个板块让读者对精油、植物油与美容三者之间的关系有一个完整的基本认识。第一节介绍精油与植物油的差异性，如何选择和鉴别精油，以及精油使用注意事项。第二节介绍精油萃取系统的组成及其从古至今的发展史，以及传统与现代精油萃取技术。第三节从芳疗师的角度介绍了精油调配的分类依据和闻香技巧，以及了解精油来源植物科属对芳香疗法的价值。第四节介绍不同天然植物油和植物浸泡油及其按需调配。通过本章的介绍，让读者全面了解油与美容的基础知识和相互联系，可为爱美人士、手作达人和芳香疗法爱好者等按照需求自行DIY相关美容护肤产品提供参考和指导。

第一节　精油与植物油

一、精油

区别于前文提到的油脂，精油在理化特性、感官品质和功能活性等方面与食用植物油有着本质的不同。精油被定义为一种从植物原材料中通过蒸馏、机械压榨（仅限柑橘类）或木材干法蒸馏方式所获得的产品。这些精油然后通过物理方法与水相分离。精油得名于英文单词Essential和Oil的组合。顾名思义，Essential为必要的、本质的、精华的意思，它其实是由另一英文单词Essence衍生而来。Essence被定义为由不同植物器官分泌并散发的天然香味。这些香味源于植物细胞中的挥发性芳香物质。但这里需和化妆品里较流行的精华油（Essence Oil）区分，人们在品牌店里购买相关产品时须留意，二者并不等同。Oil表示亲脂的或疏水的以及这些物质的黏性。精油的“精”字，既说明了精油的本质，来自天然的特色植物精华，又说明了精油的取之不易，价格不菲。精油的“油”字，说明精油很容易在油脂中溶解，具有和植物油相似的流动性和部分物理特性。

精油和芳香萃取物的区别?

精油需要注意与芳香萃取物区分开，芳香萃取物通常由至少一种从植物或动物部分中通过己烷或乙醇等有机溶剂萃取得到的芳香物质组成，但精油只能使用外源或内源水作溶剂，通过水蒸馏或扩散等分离方法获得。

通常来说，大部分精油在室温下是无色透明的流动液体，但精油整个色谱除了罗马洋甘菊精油由于在水蒸气蒸馏中产生天蓝烃表现出独特的蓝紫色外，实际上涵盖了从黄色到深褐色的所有范围，这些颜色可选择性地被应用在香水中。另外，在玫瑰、洋甘菊和一些桉属植物精油中还发现了晶体。精油的特有气味取决于植物的原产地、品种和来源部位。不同于植物油，精油是具有高折射率和旋光度的挥发油，它的相对密度通常比水低，常被认为可大量溶解在脂肪、酒精和大部分有机溶剂中。此外，它们易通过聚合作用被氧化生成树脂产物。

大自然中的植物经过不断进化，利用它们体内产生的化学物质与彼此和整个世界沟通。有些化学物质能保护它们免受掠食者侵害，有些会警告它们有关气候和土质的变化，而有些则能发出信息，帮助吸引传递花粉和种子的动物。这些化学分子以各式各样的组合存在，这就是它们发挥最佳效益的状态，也就是所谓的“协同作用”。精油的化学成分，都是植物为了自身茁壮生长，使自己繁茂所制造出来的物质。因此，若想运用好芳香疗法，首先需熟悉精油化学知识，它是打开芳香疗法的大门钥匙之一，了解精油化学以及其中常见的化学分子分类是很重要的。

精油虽然和植物油一样都属于多分子组成的复杂化合物，但二者化学成分截然不同，植物油主要由甘油酯和生育酚、甾醇等相对较大分子构成，而精油经过芳香植物和树木的光合作用通过两条途径产生。第一条是以活化的异戊二烯（异戊烯焦磷酸C_5）为单位，延伸增加到它的奇数和偶数倍数的化合物，另一条是莽草酸生物合成，与丁子香酚、茴香脑和肉桂醛等衍生芳香化合物相关。因此，精油的化学成分主要分为两类，第一类为碳氢化合物，主要是单萜烯、半倍萜烯、二萜烯等萜烯类化合物（表3-1）。影响精油成分差异的因素包括内源性和外源性因素，其中萃取流程对精油化学组成影响最大。

表3-1　精油中不同种类常见化合物

化学种类	结构举例	常见分子	植物来源
烃类	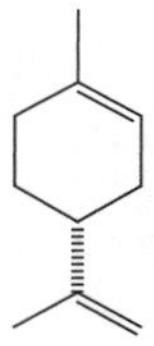	**柠檬烯** α-蒎烯、水芹烯、 β-石竹烯、α-樟脑烯	柑橘、柠檬、天竺葵、 八角茴香、桉树、丁香、 樟脑树
醇类	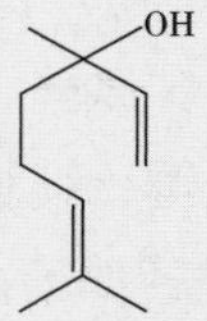 	**芳樟醇** 异戊二烯醇、薄荷醇、 金合欢醇、植醇、 α-松油醇	依兰依兰、薄荷、 薰衣草、小豆蔻、 洋甘菊、岩兰草、 茉莉、柑橘类
酚类	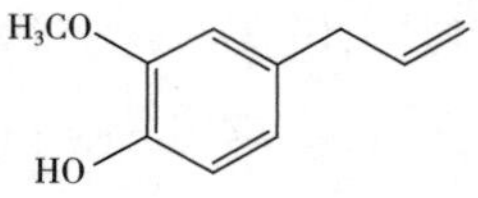 	**丁香酚** 百里香酚、茴香脑、 黄樟脑	百里香、丁香、 八角茴香、黄樟
氧化醚类	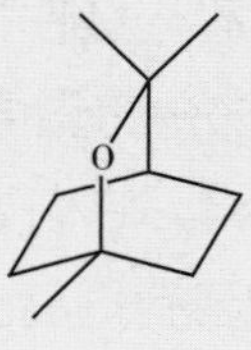 	**桉树脑** 香叶丁基醚	玫瑰、尤加利

续表

化学种类	结构举例	常见分子	植物来源
醛类	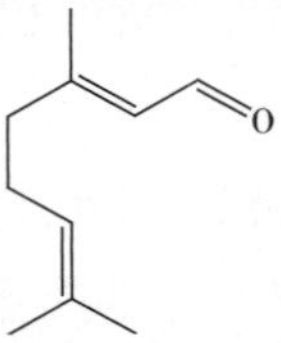	**香叶醛** 肉桂醛、橙花醛	肉桂、柑橘属、天竺葵属植物
酮类	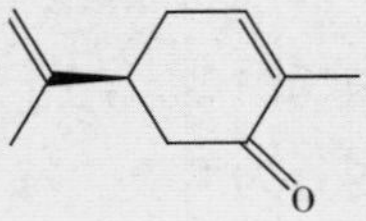	**香芹酮** α-和β-岩兰酮、薄荷酮	岩兰草、香菜籽、胡椒薄荷
酯类	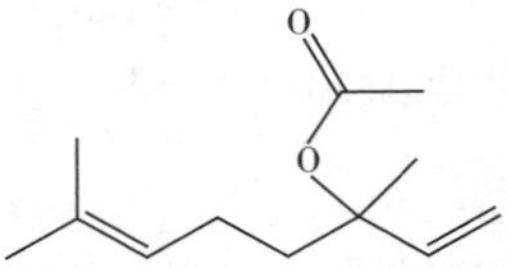	**乙酸芳香酯** 乙酸香叶酯、乙酸橙花酯、α-乙酸松油酯	天竺葵属植物、薰衣草、柑橘属
酸类	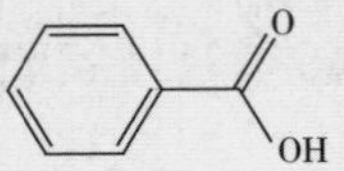	**苯甲酸** 肉桂酸	苹果、肉桂
其他（含氮和含硫分子、内酯类、脂肪酸等）	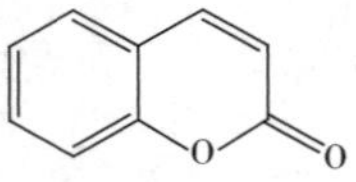	**香豆素** 吲哚、二甲基三硫化物、黄葵内酯、莳萝脑	栀子花、茉莉、玫瑰、薰衣草、黄葵、莳萝籽

单萜烯是最常见的精油分子，通常为无色清澈液体，气味微弱、高挥发性、低沸点、低黏度、易氧化，具有帮助消化、调节黏液分泌、止痛抗风湿、强壮、祛痰、抗发炎、消毒、促进组织再生、清阻塞、激活脑下垂体-肾上腺机能等生理作用，也可强化一个人的精神结构与坚韧不拔的力量，激励并给予力量，消除焦虑，增进活力，可用于神经受到惊吓等的心理治疗。代表精油植物有榄香脂、欧白芷根、柑橘类、针叶树、松树等，代表分子有樟脑萜、单萜、莰烯、香菜烯、柠檬烯、松油萜和水茴香萜，其中常见分子有月桂烯，存在于月桂、马鞭草、松树和杜松等精油中；柠檬烯，存在于柑橘、松叶和薄荷精油中；异松油烯，存在于松节油、桉树和茶树精油中。部分单萜烯分子具有光敏性，使用时需注意。

倍半萜烯是植物界中最大的萜烯类，在精油的芳香疗法中有重要作用，大部分木质类（除花梨木外）精油都含有较多的倍半萜烯，不溶于水和酒精。它们具有消炎、止痒、抗组织胺、安抚皮肤、抗肿瘤、杀菌和镇静的生理作用，同时也具有提高自我安全感，给予内在力量，保护神经的心理作用。代表精油植物有没药、香柏、德国洋甘菊、广藿香和姜等，代表分子有天蓝烃、没药烃、杜松油烃、香柏烃、母菊天蓝烃、β-金合欢烯，其中常见分子有法尼烯，作为一种支链烃存在于香茅油、洋甘菊和玫瑰等精油中；红没药烯以环状结构的形式存在于没药及洋甘菊中；石竹烯同样以环状结构存在于丁香、薰衣草、甜百里香和依兰依兰中，并有强烈的辛辣刺激味道，这些倍半萜分子质量比单萜更高，因此，挥发性较低，沸点更高，但仍然易于氧化。

二萜在精油中并不常见，因为它们的高分子质量和沸点可防止它们在蒸汽蒸馏的萃取过程中溢出。常见的为樟脑，物理化学性质与倍半萜类似，但是相比而言沸点更高，氧化速率降低。主要作用有抗菌、抗病毒以及可能对内分泌系统有调节作用。

第二类为含氧化合物，包括醇类、酚类、醛类、酮类、酸类、酯类/内酯类、氧化物。含醇类较多的精油通常毒性低，风险小，适合老人儿童使用。

单萜醇属于亲水极性分子，也溶于酒精，相对安全、不易造成皮肤敏感、适合老人及小孩长期使用。这类化合物在生理上既可抗感染、抗细菌、抗病毒、抗真菌，又可起到放松、止痛、利神经、调整免疫系统及内分泌的作用，适用于对抗慢性病和抗微生物。在心理作用上，单萜醇亲切温暖，可给予欢愉，强化心灵并提振情绪。代表精油植物有花梨木、天竺葵、玫瑰草、马郁兰、依兰依兰、柠檬、佛手柑、杜松等，代表分子有沉香醇、薄荷脑、香茅醇、没药醇、松油醇、橙花醇和牻牛儿醇等。常见的单萜醇有：存在于玫瑰、天竺葵、香茅、棕榈油中的香叶醇，具有花果的甜味；存在于花梨木和香菜中的芳樟醇，具有轻微的柑橘味；存在于玫瑰、天竺葵、香茅中的香茅醇，具有清新的花香味。

倍半萜醇是具有连接醇基团的倍半萜烯，因长键结构不溶于水，挥发慢，属于亲油分子。这类化合物在生理上既可抗收缩、抗病毒、抗肿瘤，又可平衡免疫功能，平衡内分泌腺体，促进皮肤再生，起到类似雌激素的作用。在心理作用上，倍半萜醇可平衡情绪，舒缓压力，平衡激素，以及对抗灵媒体质的困扰。代表精油植物有檀香、茉莉、玫瑰、广藿香和姜等，代表分子有檀香醇、金合欢醇、广藿香醇、橙花醇和蓝缪醇等。此外，还有在洋甘菊中发现具有抗炎作用的α-没药醇，对免疫系统有作用的α-檀香醇以及具有抑菌作用的法尼醇等。二萜醇由二萜和醇基形成，由于二萜类具有较高的分子质量和沸点，因此，它们不会蒸发或无法通过精油蒸馏萃取的装置，如鼠尾草精油中的香紫苏醇。除此之外，在精油中还存在非萜烯类化合物衍生出的脂族醇，如癸醇、己醇、庚醇、辛醇和壬醇，以及芳族醇，如苯甲醇和苯乙醇。

精油中酚类分子属于亲水分子，挥发性中等，具有杀菌、抗感染、抗病毒、刺激免疫系统、提高血压及体温、降低胆固醇、激励神经等生理作用，心理作用上可给予温暖和激励，增加生存的乐趣。代表精油植物有丁香、月桂、百里香、肉桂、野马郁兰，代表分子有丁香酚、香芹酚和百里香酚等。常见的酚类分子有香芹酚，主要存在于百里香和鼠尾草精油中，具有辛辣气味；百里香酚主要存在于百里香和牛至的香精油中，具有强烈的药草味；丁香酚存在于丁香、肉桂叶、依兰依兰和玫瑰精油中，具有丁香典型的辛辣气味。这些苯酚的主要作用有防腐、杀菌以及刺激免疫系统和神经系统（在某些抑郁症中治疗有效）。除此之外，许多酚还以酚醚形式出现在精油中，如茴香脑、黄樟脑和雌草酮，酚类含量较高的精油易刺激黏膜，造成皮肤敏感，需小心处理，因其高剂量使用对肝脏有毒，使用时用量需严格控制。

醛类也经常出现在精油中，单萜醛具有柠檬味，挥发及作用快，易氧化，低剂量时具有舒缓中枢神经、抗感染、抗血管扩张、降血压、助消化腺分泌、刺激免疫和抗真菌等生理作用；心理作用上，可帮助从困惑迷茫中抽离，带来温暖、目标与方向感。代表精油植物有香茅、柠檬草和姜等，代表分子有柠檬醛、橙花醛、牻牛儿醛、香茅醛、乙醛和香桃木醛等。常见单萜醛分子有香茅醛，存在于香茅油、柠檬桉木精油中，具有强烈的柑橘气味；肉桂醛，存在于肉桂皮和决明子中，具有辛辣气味；香叶醛，存在于柠檬草、柠檬、马鞭草等精油中，具有新鲜的柠檬味。对于含醛量高的精油而言，首先，要注意低剂量使用，防止刺激皮肤黏膜，其次，要注意储存方法，避免醛氧化为酸而造成品质的变化。

酮类在精油中并不常见，微溶于水，挥发度中等，易产生结晶状，结构较稳定，在肝脏中不易代谢，可分为单萜酮和倍半萜酮。这类分子具有促进皮肤再生、伤口愈合、预防疤痕组织、分解黏液和脂肪、祛痰、促进血管及静脉曲张、改善痔疮、抗病毒如带状疱疹、抗血肿、强肝、修复疤痕等生理功效，在心理上可对抗心灵上的缺憾与伤疤，增进感应能力。代表精油植物有大西洋雪松、永久花、鼠尾草、牛膝草、西洋蓍草、松红梅等，代表分子有薄荷脑酮、樟脑、茴香酮、茉莉酮、马鞭草酮和侧柏酮等。常见酮类分子有香菜中的香芹酮、薄荷中的薄荷脑酮以及茉莉花中的茉莉酮。除此之外，八角茴香、鼠尾草、迷迭香、留兰香和莳萝中也含有大量的酮。这些酮类主要具有止痛、镇定、促进消化及伤口愈合的作用。使用含酮类的精油时必须格外小心，单萜酮具有潜在神经毒性，长期或高剂量使用可能伤害中枢神经或引起肝毒。牛膝草可能引起癫痫发作；艾草和香柏可能会造成流产，严禁在怀孕期间使用。

醚类也是精油中少见的一类分子，不溶于水，但溶于酒精，常以微量形式出现，但作用强劲。这类分子可抗炎、抗微生物，具有强效抗痉挛、镇定、止痛、激励免疫系统、杀菌消毒等生理作用，在心理作用上可平衡神经，抗沮丧。代表精油植物有罗勒、茴香、洋茴香和龙艾等，代表分子有大茴香脑、肉豆蔻醚、雌激素脑、甲基醚丁香酚等。该类分子使用时应避免高剂量使用，易产生神经毒性。酸类在精油中含量极低，具有消炎、抗痉挛，给心灵减压的作用，代表精油为树脂等，代表分子有月桂酸、岩兰草酸、肉桂酸、香叶酸、迷迭香酸等。

酯类是精油中最广泛的化合物，不易溶于水，较稳定，带有水果香气，使用时安全性高且毒性低。这类分子具有平衡交感神经和副交感神经、镇定抗痉挛、抗病毒、抗黏液过多、消炎、助眠、修复疤痕等功效。在心理上可镇静、放松，消除焦虑、增进活力。代表精油植物有佛手柑、薰衣草、快乐鼠尾草、永久花、丁香、罗马洋甘菊等，代表分子有乙酸沉香酯、水杨酸甲酯、乙酸龙脑酯、安息香酯和苯甲酸苯甲酯等。常见酯类分子有乙酸苄酯，存在于依兰依兰和茉莉花的精油中，具有典型的茉莉花香；乙酸芳樟酯存在于佛手柑、薰衣草、鼠尾草和橙花等精油中，具有甜味和草本味；乙酸香叶酯存在于天竺葵、香茅油、薰衣草、小茴香和甜马郁兰中，具有玫瑰般的气味。

内酯在精油中的含量很低，不易溶于水及酒精、不易氧化、在室温下易凝结，具有促进血液循环、镇定神经系统、抗痉挛、退烧、降淋巴水肿和助眠等生理作用，内服效果较佳，也可帮助松弛紧绷的神经，让人平静而愉悦。代表精油植物有佛手柑、中国肉桂、龙艾、香蜂草等，代表分子有香豆素。需要注意的是呋喃香豆素及佛手柑脑都具光敏性，呋喃香豆素也具有致癌性，应该警惕使用。此外，苯基酯具有抗沮丧，护肝护胃功效，使人享受生活，满足感官，代表精油有茉莉精油、依兰依兰精油、安息香、秘鲁香脂等。

氧化物易溶于酒精，挥发快，具有强烈香气，具有止咳祛痰、激励循环、助呼吸消化、抗黏膜炎、抗真菌、活化绒毛等生理作用，也可增进逻辑思考，促进表达，消除恐惧。代表精油植物有白千层、尤加利、德国洋甘菊、罗文莎叶、莳萝等，代表分子有桉油醇、玫瑰氧化物、没药醇氧化物等，其中桉树脑是精油中常见的氧化物，具有类似樟脑的气味，已被证实具有祛痰作用并可刺激呼吸系统和消化系统。因此，该类分子由于部分具有刺激性，需低剂量使用。

以上这些高挥发性物质可以通过呼吸，由鼻腔黏膜组织吸收进入身体，将信息直接传送到脑部，大脑中的受体对精油中化学成分产生反应。随着人的呼吸，这些气味分子附着在嗅觉感受器神经元的纤毛上，通过嗅神经发送到嗅球，嗅球连接到大脑结构，例如纹状体和海马体等。这些结构在气味识别、社交互动、情绪反应、学习和记忆中起重要作用，通过大脑系统调节情绪和身体的生理功能，这是精油最常用、最古老的方法，也是芳香疗法中很重要的一种手段——嗅觉吸收法，除了将香气传送到脑部以外，还可以进入肺部，如吸入低浓度的桉树油有止咳祛痰的作用。嗅觉吸收法包括直接吸收和间接吸收，其中将精油滴在棉花球上直接闻属于直接吸收，间接吸收则是借助加湿器、香薰机，超声波扩散器等工具将精油散发到空气中，再吸收进入人体内。

由于精油的分子链通常比较短，这使得它们极易渗透进皮肤，穿过角质层进入表皮，且借着皮下丰富的毛细血管进入体内，这也促生了精油在芳香疗法中的另外一种常用手段——按摩吸收法。按摩所引起的摩擦会促进毛细血管的扩张，从而增加皮肤对精油的吸收，在进行按摩时可以将皮肤包裹起来，能够有效避免水分蒸发。这种按摩吸收法有利有弊，优点在于精油无须消化，使用简单，是治疗皮肤和肌肉不适最直接的方法，缺点则在于一些精油对皮肤有刺激性，如含有酚类的精油，此外还有呋喃香豆素具有光敏性。

除上述两种方法外，还可以通过内部皮肤途径治疗或护理，李斯特林发现了百里香酚，以他名字命名的漱口水中就含有百里香酚、薄荷醇和桉树脑，这些含有精油成分的漱口水对口腔问题，如牙龈炎、口腔黏膜炎等，还对喉咙感染有一定的预防效果。当存在阴道感染（白色念珠菌）时，精油可以有效地冲洗阴道，阴道途径在妇科或泌尿科疾病的治疗中具有明显的优势，因为精油被直接吸收到周围组织中，对治疗部位起直接作用。在现代药物开始之前，精油作为药物口服进入人体已有很长的历史，已有研究表明，口服精油对胃肠道疾病、失眠、焦虑症有明显作用，口服途径在精确使用剂量的前提下是完全安全且无毒的，但是个别精油如牛膝草、艾草和冬青不能口服，含酚类的精油应该进行稀释并用胶囊包裹后才可口服，以避免产生黏液刺激。

所以在芳香疗法中，精油可强化生理和心理的机能。每一种植物精油都有一个主化学结构来决定它的香味、色彩、流动性和它与系统运作的方式，也使得每一种植物精油各有一套特殊的功能特质。

二、精油的来源

生活中用于烹饪的植物油大多数来自植物的种子、果实和胚芽，通过冷榨、热榨和溶剂萃取等手段获得，比如生活中常见的大豆油、花生油、茶籽油等，而精油是从不同科属植物的花、叶、茎、根、皮、果实等部位中通过水蒸气蒸馏、挤压等方式获取的挥发性芳香物质，属于植物的次级代谢产物。但是并不是所有的植物都能产出精油，只有10%的植物可以合成并分泌少量的挥发性芳香物质，这类植物又称为芳香植物。

这类植物在大自然中会利用气味相互对话沟通、传导信息，其他植物在接收到这个气味信息后，会迅速从土壤中选择适当的养分，在体内进行一系列生物化学变化并产生抵抗害虫和病菌侵害的抵抗力。所有会释放出香气的植物都含有精油，这些被释放的精油芳香分子是一种信息传导物质，只是是否足以拿来萃取取决于其在植物中的含量。很多芳香植物在开花前，精油含量达到巅峰。换句话说，精油实际上是种创造性能量，是非常巨大的再生或维系生命的能量。因此，人们试图从植物中获取能量和精华，更具有创造力和生命力。此外，在自然界产生森林大火的时候，芳香植物的地表部分富含精油等挥发性物质，会在很短的时间内燃烧殆尽，如此根部便可以存活，等到下一场雨后，又可以重新生长，有效防止被森林大火摧毁。

有些人把精油称为植物激素，但精油不直接参与植物生长，严格来说不是植物激素。植物激素指的是生长素、激勃素、细胞分裂激素、离层酸、乙烯等，这里乙烯的化学结构和精油最接近。在大自然中，不同植物自由生长，哪怕是同科属的植物也有各自的领域，不会互相侵犯，因为当芳香植物生长过于靠近时，植物会释放乙烯，让对方知道自己的存在，所以植物表观相对静态，但比动物、人类更灵敏，知道尊重别人的生存空间，具有灵性。芳香植物的精油储存在香脂腺等特定分泌细胞的细胞质中，精油含量较多的植物家族有唇形科、桃金娘科和芸香科。不同植物的香脂腺分布也有区别，有的在花瓣中，有的在叶子中，有的在根茎或树干上（图3-1）。通过各种萃取方法让这些腺体细胞中的物质释放出来，即我们所说的“植物精油”。除了植物某一部分可萃取精油之外，有些植物也可在好几个部分萃取出精油，比如，苦橙就可以从花苞、叶子及果实三个部位萃取出精油。同一植物不同器官中所萃取精油也会由于它们香气不同而影响它们的命名和应用。

（1）

（2）

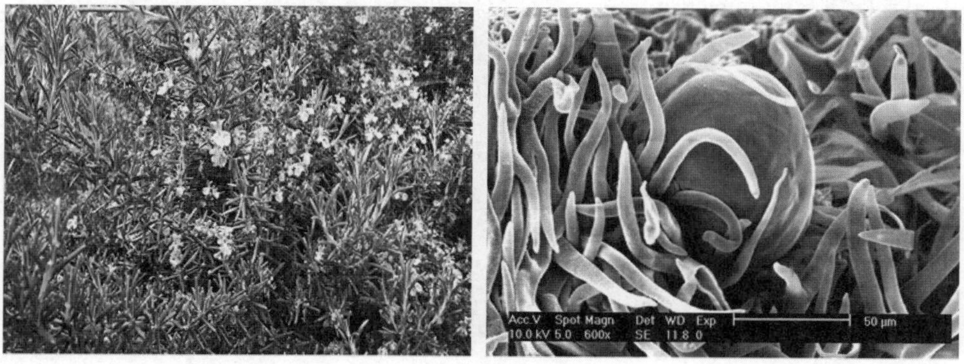

（3）

图3-1　芳香植物（左）与其香脂腺微观图（右）

（1）薰衣草　（2）柑橘　（3）迷迭香

精油成分和得率的可变性高，源于内源性和外源性两大类因素。内源性因素与植物品种、成熟度、萃取部位、种植方法、收获时间、气候和土壤等环境作用相关，外源性因素与萃取、储存和包装相关，其中萃取方法和工艺参数等会对精油化学成分造成重要改变。如今，所有这些因素结合准确的分析数据帮助国际标准化组织去规范管理世界精油市场，但由于缺乏专业知识和利益驱使，精油掺假在世界范围内频繁出现，这也突出了全面了解精油知识的重要性。

三、精油和植物油的鉴别

植物精油与植物油最大的区别就是具有挥发性，而这些挥发性芳香分子也决定了每种植物精油独特的气味和神奇的活性功能。挥发性是指物质接触空气后消失的速度，也可以作为人体吸收快慢的判断，一般判断的方式是，将精油滴入基础油中放在室温下，香气持续1～2h称为快板（Top）精油、3～5h称为中板（Middle or Medium）精油、5h以上称为慢板（Base）精油。快板精油香气较刺激、令人感到振奋，像欧薄荷；中板精油令人感到平衡和谐，专注于安神的效果，薰衣草就是典型的一种；慢板精油则有定香的作用，如檀香，给人一种沉稳的感觉。

市面上有很多不同品牌的芳香精油都使用了化学合成材料或用溶剂加以稀释，这类产品品质极差，然而在芳香疗法中，最重要的原则就是要使用高品质的天然芳香精油，高纯度的精油才会有好的效果。当确定购买一种精油后，应该学会鉴别产品的优劣。鉴别精油最常用的方法是滴一滴精油在纸巾上，单方精油正品香气纯粹，精油在纸巾上扩散开后不会留有油渍，纸巾完好如初；但不纯的精油大多掺杂了植物基底油进行稀释，刚滴在纸巾上时没什么差异，待纸巾干后可见明显的块状油脂印迹。同样，利用精油与植物油的特性区别，可以通过涂抹法和滴水法鉴别。纯度越高的精油，渗透力越强。购买时，只需滴一点精油在手腕内侧，再用手指按摩两三下即可测试，高纯度精油会瞬间被吸收，并且不会留下亮亮的油脂印迹。滴水法是将精油滴入冷水中，精油或沉在杯底，或漂浮在水上，但一定不会扩散开，而且芳香满馥。滴入热水中时，纯精油会迅速扩散成微粒状，干涸后不会有黑色黏稠物，不纯的精油只会成浮油状。此外，天然精油，闻起来应该是浓郁的自然植物源香，而非人工合成香味。因为精油的芳香成分十分容易溶解在酒精里，所以，一般纯度不高的精油都是混合了酒精或化工制品。

四、精油的选择

市面上的精油产品主要分为单方和复方精油两种，单方精油就是前面提到的从一种植物的整株或某一个部位（如花、茎、根、叶或果实等）中提炼萃取出的植物精华部分，纯度极高，一般具有较为浓郁的植物源香，并且具有特定的功效及特性。当然，这里也包括由两种或多种植物单方精油混合而成的特殊情况。此类单方精油未加基础油稀释，不能直接用在皮肤上。单方精油通常以该植物的名字来命名，如玫瑰精油、薰衣草精油、茶树精油等，由于萃取植物原料用量大，得率低，所以成本相对较高，售价也不会太便宜。

复方精油是经过专业人士用基础油进行稀释和调配好的精油，由两种以上的单方精油与基础油按照一定比例混合调配出来，使用相对简单，可直接用于皮肤护理。复方精油可以用气味相近，植物科属相似或是挥发速度差不多的精油进行互相搭配，使用复方精油的好处在于，功能类似的精油互相调配，可以增加功效；功能差异大的精油调和，可协同增效，像中药，也很少用单方。一次使用两三种不同的精油，不但可以增加香味的丰富性，同时还可以叠加功效，对于一些气味较不好闻却具有效用的精油，也可借助其他芳香精油的香气来调和不好闻的味道，使人在使用的时候更为舒适。每种复方精油都有其针对性功效，比如美白补水、祛痘修复等，适合刚入门的芳疗爱好者们。

精油搭配要根据各类精油的效果来进行，比如在家中最好常备薰衣草、迷迭香、薄荷、茶树和罗马洋甘菊五种精油，因为薰衣草精油属于“万能”搭配精油，对于舒缓情绪和心理压力，缓解失眠、沮丧、肌肉酸痛、烫伤和擦伤等，都可以派上用场；迷迭香精油可提神醒脑，舒解头晕、精神不济等状况；薄荷精油可舒解肠胃消化不良或恶心症状；茶树精油是公认的天然抗菌大师，而罗马洋甘菊精油对肌肤温和，在保养肌肤方面可放心使用。

由于大多数消费者缺乏基础和专业知识，在使用精油的时候缺少了解，或者在购买精油时会比较盲目，觉得价格贵的肯定是质量好的，但是其实精油选择需要考虑很多因素，但始终不变的原则是“只选对的，不选贵的”。精油选择的五大要素包括：价格、香气、功效、生态和精神层面。

（1）价格（Price） 对消费者来说，看到一件喜欢的产品肯定首先会考虑是否能承受得起它的价格。举例来说，玫瑰精油由于萃取得率低，价格比较昂贵，10mL的精油可能就需要过千元，当然，这属于特例，虽然玫瑰香气怡人，但不是每个人都能买得起玫瑰精油，所以可以选择其他精油代替，比如天竺葵，它价格相对便宜而且拥有类似的功效，所以价格是需要考虑的因素之一，但也许并不是第一位的。

（2）香气（Fragrance） 精油的香气主要是由其中的化合物决定的，比如精油中樟脑的含量过高，会影响精油气味，降低精油品质。这些各具独特气息和功效的精油成分以不同的比例搭配在一起，就形成了每种精油独特的具有辨识度的芳香气味。香气作为精油的一个主要因素，在应用过程中是十分重要的，消费者进行芳疗是为了放松和享受，芳疗师们在挑选精油使用时需要确保有一个美好的嗅觉体验。

（3）功效（Function） 消费者刚接触精油时可能更关注精油的治疗功效。比如薰衣草有助睡眠，也可以缓解疼痛；姜精油可以缓解胃部疼痛；天竺葵能够平衡油脂分泌，畅通阻塞的毛孔，促进血液循环，对月经不调、痛经、乳房胀痛、发育不良等女性问题有很好的功效。柑橘类精油可提振精神，柠檬类精油可提亮和美白皮肤，茶树油可直接涂抹于皮肤上，其杀菌功效是所有精油中最强的，可抑制青春痘、妇科炎症、各种癣、咽喉肿痛、牙痛、唇舌疱疹等。精油目前已经成为药物治疗的辅助，尤其是在焦虑、恐惧、压力、抑郁等心理疾病辅助治疗方面，当然，在其他如消化系统问题、皮肤瘙痒、皮肤干燥以及所有生理方面的问题解决方面，精油独特的辅助疗效也逐渐被发掘。

（4）生态（Ecology） 这是一个新兴观点，举例来说，檀香树的生长需要很长时间，但檀香精油主要来源于树皮、树质的萃取，是一种非常昂贵的精油，如果在砍伐后不及时去种植，便会造成严重的森林毁坏，生态失衡，所以，檀香已经几乎不再使用，还有类似的花梨木，会采用雪松来代替，因为那是可持续的，用松针就可以萃取，即使当雪松树被砍伐后，新的雪松树也容易种植并被规范管理。公平贸易也是另一个生态问题，这也是很重要的理念。公平贸易意味着要规范制造者，包括公平的薪酬、平等的安全保障、不雇用童工等，即降低劳动者风险，消费者也期待买到公平贸易下的精油，如咖啡、葡萄酒、巧克力等，都已实现了公平贸易。我国现在处于高速发展阶段，在生态保护、消费结构变化等大环境下，正在逐步走向真正的产业可持续良性发展。

（5）精神（Spirit） 这是一个相对抽象的概念。精油不是植物激素，它不直接参与植物生长，所以人们不能靠精油维系生命，因为它们并不能直接提供养分，但可以辅助人们改善症状。生命需要有欣赏美好事物的能力，需要转危为安、化繁为简的能力，这些都可以借助芳香疗法得到提升；精油可以让人放松，使人们在某种程度上能够轻松投入生活、工作和学习。

五、精油的保存和使用

当我们购买了优质的单方精油后，该如何保存和使用呢？精油易挥发，为避免精油氧化和快速挥发，使用后的精油瓶盖一定要拧紧，而且尽量减少开启次数，避免被污染或氧化，导致品质下降。阳光易使精油变质，需绝对避免阳光照射，不要把精油放在阳光直射或者有阳光的地方；也要避免把精油暴露在灯光下面，灯光的温度和强度也可能使精油变质。因此，精油一定要存放在具有遮光效果的深色玻璃瓶中，不要用塑料瓶存放精油，塑料的化学成分被精油腐蚀后会破坏精油的品质。深色玻璃瓶的颜色以深蓝、棕色、绿色为佳，也可用不锈钢或陶瓷器皿盛放精油。当然如果有条件，也可以将深色玻璃瓶精油再存放在木盒子里，例如檀香木或松木盒子。

除了易挥发、见光易氧化外，高温也是精油的禁忌，平时一定不要把精油放在高温的地方，需远离热气和高温。最好是置于干燥、阴凉的地方，同时不应离电器用品太近，更不能放于厨房或浴室，容易使精油失效。精油需避免高温，但并不可以冷藏。精油的存放温度是室温18～27℃，最佳温度约为25℃。很多人就会想到放入冰箱中保存，但精油中容易挥发或者沸点较低的成分容易变质，冰箱的低温和潮湿环境其实是不适宜精油保存的，而且温差变化也会加速精油质量的下降。相对而言，木质的精油盒是绝佳的选择。单方精油开封后最佳使用期限一般是半年，但是经过与基础油稀释调和过的复方精油，未开封保质期为6~9个月，开封之后建议3个月内用完。这也说明每次调配的量不宜太多，3个月后即使用不完也不建议再用于护肤。精油的性质易受保存环境影响，如果要想保存好精油且使用期限为6个月，那么需减少外界干扰。在调和精油的时候不能直接用手触碰精油瓶口，同时，切记不要把不同精油的瓶盖盖错，或者混用同一吸管。有塑料滴管的精油瓶，不适合长时间保存，因为精油会腐蚀滴管而造成精油被污染变质。

由于精油的浓度非常高，除薰衣草和茶树单方精油可以直接涂抹肌肤外，其他精油切勿直接涂抹肌肤，特别是伤口处，须用基础油稀释将浓度降低后使用，所以一般做精油按摩时，99%起润滑作用的是基础油，起作用的是占比较低的高浓度精油。需注意的是，薰衣草和茶树单方精油也要注意浓度和适用范围，只可以局部涂抹，不能全脸或全身使用。此外，未经专业芳疗师指导和许可，切勿口服精油。精油使用需严格遵守使用安全范围，使用过多剂量有可能产生相反的效果，而且会在体内积累毒素，特别是鼠尾草精油、马郁兰精油和依兰依兰精油，在酒后和驾驶前使用不当会产生微醉现象。对于一些易致敏精油，应先在手臂内侧进行小范围测试，无不良症状后再进行大范围使用。

精油分子小，极易渗透进肌肤，有加快血液循环作用，所以女性月经期间、妊娠期和哺乳期不宜使用，例如罗勒属精油、鼠尾草精油、刺柏浆果精油、迷迭香精油、马郁兰精油、茴香精油、丁香芽精油、柏树精油、洋甘菊精油、柠檬草精油、薄荷精油、雪松精油、桉树精油等，其中一部分精油会导致月经紊乱，某些利尿成分可能会使胎盘中的液体流失。出生后2周内的婴儿不能使用精油；出生2周至4个月的婴儿可以在洗澡水中滴入一滴薰衣草精油或混合20mL的基础油一同使用，12岁以上的儿童使用成人1/4的剂量，但无论何时在对儿童使用精油时都需非常小心，不要让儿童直接接触到精油。精油大多有光敏性，即对阳光、灯光敏感，在日晒下精油会灼伤肌肤，留下斑痕，严重的甚至引发皮肤癌，而且这种灼伤是永久性的，很难再恢复。特别是花瓣萃取的精油，还有柑橘类精油，如橘、橙、柠檬、柚等，因此大多数精油瓶是棕色的，需避光保存。另外，患有高血压、癫痫、神经疾病及肾部疾病的人在使用松柏、迷迭香、鼠尾草、黑胡椒、茴香等精油前需要接受专业芳香师的指导。需要注意的是，精油并不是药品的替代品，不能用于治疗各类内外疾病或功能紊乱。

另外，很多国内产品都会赋予精油丰胸瘦身、美白祛痘等功效，虽然有些言过其实，但大部分这类精油产品本身无副作用，需要注意的是一些精油成分本身。例如，芥菜精油和檫木精油本身含有有毒成分或致癌物，但却对关节炎、腰酸骨痛有缓解功效，所以除非做研究使用，一般市场上不会销售这类精油。

六、小结

精油和植物油在理化性质、功能活性及获取方法上均具有本质差异，须进行区分；精油化学作为打开芳香疗法大门的钥匙之一，在入门前需熟悉了解。精油选择的五大因素包括价格、香气、功效、生态和精神层面；鉴别精油优劣可通过闻气味、肌肤涂抹、滴纸巾实验和滴水法判断。使用精油时要稀释到安全浓度，宁愿少放也不要贪心多放，否则易有反效果。

随着人们越来越重视健康、追求天然，精油作为天然药物以及美容护肤健康产业的一种辅助手段，未来的发展前景可期。作为气味与功效相结合的产品，精油易通过皮肤进入血液循环，必须合理科学地使用，使用时一定要留意产品包装上的说明，避开使用禁忌，部分人对精油过敏也须注意。

思考题

（一）判断题

1. 精油可以从种子中获取。（　）
2. 复方精油大多指用植物油稀释调配过的精油。（　）
3. 精油中含有生育酚、甾醇等微量成分。（　）
4. 价格是购买精油考虑的首要因素。（　）
5. 高纯度优质单方精油购买后可直接涂抹肌肤。（　）
6. 精油除了可以美容，也可辅助治疗精神和生理方面问题。（　）

（二）选择题

1. 精油和植物油的区别不包含（　）。

   A. 挥发性　B. 来源　C. 化学成分　D. 油溶性

2. 以下哪一种不属于精油获得方式？（　）

   A. 压榨　B. 有机溶剂萃取　C. 水蒸气蒸馏　D. 水扩散蒸馏

3. 以下哪一种精油属于“万能”搭配精油？（　）

   A. 薰衣草　B. 洋甘菊　C. 茶树　D. 迷迭香

4. 精油选择的要素不包括（　）。

   A. 价格　B. 法律　C. 香气　D. 生态

5. 精油鉴别不包括以下哪种方法？（　）

   A. 闻香法　B. 涂抹法　C. 浸渍法　D. 滴水法

6. 使用者购买精油后，使用注意事项不包括（　）。

A. 孕妇哺乳期　　B. 伤口处　　C. 光敏性　　D. 功效性

（三）精油鉴选

根据本节知识内容尝试鉴别挑选优质的薰衣草、迷迭香、薄荷、茶树和罗马洋甘菊五种单方精油。

第二节　精油的萃取与发展

一、精油蒸馏装置

精油萃取发展到今日，有其独特的历史文化。中国作为文明古国之一，使用芳香植物的历史可追溯至神农时代。当时神农氏遍尝了上百种植物的过程都被后人详细地总结在了《神农本草经》中。该书收录的365种中草药中，具有保健美容或治疗美容作用的就有160多种，这其中大多数的主功效成分便是精油。因此，它是世界上最早的医书，也掀开了中国应用植物精油的序幕。明朝李时珍的《本草纲目》整理编录了历代医学典籍中2000多种植物的药性疗效，至此，植物疗法已成为中国人生活以及中医药文化中重要的一环。

古埃及也有使用芳香植物的记载。在金字塔中包裹木乃伊的绷带中发现了乳香萃取物，其中一些特定的芳香化合物被广泛应用在宗教典礼或仪式中。这是早期的史料记载，但还没有出现精油。公元前2000多年，古埃及人在一个大瓮里面装满了橄榄油，放入花朵浸泡，这就是常用固液萃取法——浸解法（Maceration）的由来。在浸渍泡软后这些花朵的香气进入植物油中，用于护发、护肤等。

古希腊人将浸泡花朵的油换成了水，加热后水蒸气夹杂着鲜花的香气蒸发入空中，由于古希腊人信奉的大部分神灵都在天上，所以用这种方式祭天非常普遍，但这远不能满足古希腊人对美的向往和追求。为了收集这些香气，他们添加了一个小筛网，在网上放上棉花，棉花吸附水蒸气后受挤压便可得到各种带香气的水，这些香气的来源就是精油，这些带香气的水就是纯露。这是最早的萃取记载，也是蒸馏器的前身。香料及其知识随十字军东征传遍欧洲，加上后来的阿拉伯人通过贸易将东方药用植物更为广泛地传到欧洲大陆，强有力地推动了植物精油萃取技术的发展，也为当今欧洲香氛浴疗和其他自然疗法的发展奠定了基础。

古希腊的萃取方法延续了约千年，直到一位炼金术士进行了改良，发明了蒸馏器。与之前的萃取一样，加水、加鲜花、加热，在水蒸气出口的位置放上筛网棉花，然后吸附挤压得到最后带香气的水，但这仍不是精油。

又过了200年，一位热衷于食疗的医生，为了将草药的精华萃取出来让患者服用，发明了冷凝器。通过这个系统第一次得到带有香气的水，不再需要筛网和棉花。16世纪的意大利，佛罗伦萨以玻璃制品闻名，有一位当地人发现之前得到的带有香气的水除了水以外，在表层还有些许的油滴状液体，于是他发明了佛罗伦萨瓶（Florence Vase）收集这些液体。这个容器可以通过密度差异轻易地收集精油和纯露（图3-2）。所以从16世纪开始，欧洲才真正地开始生产并销售植物精油。从那以后，芳香产业经历了16世纪皮革香氛油的流行，17世纪佛手柑和橙花精油的诞生，19世纪首个合成香料和蕨类香气的兴起和发展，到20世纪备受推崇的香料商和著名香水，以及他们在香水、化妆品、食品、药品和日用品等领域的飞速发展和对芳香疗法、生理和心理治疗的重要影响。

到了20世纪，克莱文杰（Clevenger）回流蒸馏装置被发明，可以将纯露中的成分更多地萃取出来。

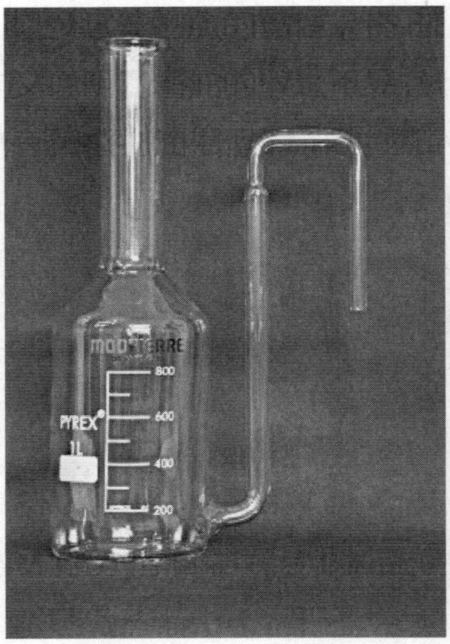

图3-2　佛罗伦萨瓶

精油萃取都包含哪几个关键部分?

蒸馏器、冷凝器、回流系统和收集器组成了萃取的完整装置，这套系统也是目前全世界实验室及企业最常用的精油萃取系统（图3-3）。

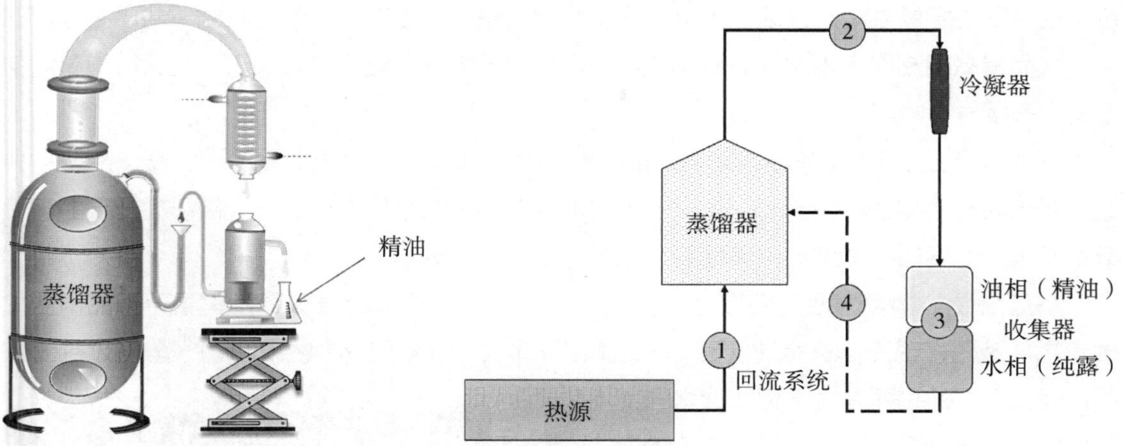

图3-3　精油萃取系统组成

1—加热　2—蒸发　3—分离　4—水回流

二、精油的传统萃取技术

精油从天然植物中萃取，只能通过蒸馏、挤压和干馏三种物理方法所得，但这些传统技术会引发热效应或水解，从而导致一些成分的损失和不饱和化合物的降解。鉴于此，传统技术的强化、优化和改进，以及新型绿色萃取技术的发展逐渐受到行业关注。由于不同技术对于同一植物萃取部位所得精油成分影响很大，所有这些技术在正式应用前都需充分考虑植物萃取部位和终产品的质量。传统萃取技术所得植物精油得率为0.005%～10%，且受植物原材料品种和品质影响最大，蒸馏时长、温度和操作压力次之。

蒸汽蒸馏法是一种古老但官方认可的精油萃取方法。植物原料装入蒸馏器后通入蒸汽，与常规水浸泡蒸馏不同的是，蒸汽从蒸馏器底部自下而上穿过物料，充满精油的蒸汽顺着天鹅颈管进入冷凝器，然后通过佛罗伦萨瓶沉降收集。精油与水在瓶中会形成两个不相溶相，因此很容易进行油水分离。这项技术的原理是100℃条件下，结合蒸汽压等于环境压力，沸点在150～300℃的挥发性成分会在接近水的沸点温度下蒸发出来。根据精油萃取的难易度，这项技术也可以在受压条件下进行。

水扩散法是将蒸汽自上而下通入蒸馏器中，精油蒸汽混合物直接在物料带孔托盘下方冷凝，收集方法与其他蒸馏方法一样。这种方法减少了蒸汽用量和蒸馏时间，相对于蒸汽蒸馏法，具有较好的得率。

水蒸馏法是蒸汽蒸馏法的变体，也是干香料精油萃取和实验室中精油质量控制的推荐方法。在水蒸馏法中，植物原料直接浸没在水中，无须蒸汽投入。蒸馏器中固液混合物在常压下加热直至水的沸点，让植物细胞中有气味的分子释放出来。这些挥发性芳香化合物和水形成一个共沸混合物，可以在相同压力下一起蒸发出来，由于它们的不混溶性和密度差异，也可在佛罗伦萨瓶中轻易分离。另外，回流蒸馏系统可以通过虹吸管回收循环利用蒸馏出的水，从而提高精油得率和质量。值得注意的是，由于该方法处理时间较长，所获得的精油与源香会有差异。

干馏法仅应用于桦木（Betula Lenta）和杜松（Juniperus Axycedrus）。在该技术中，这些木材最坚硬的部分如树皮、大树枝和树根等在柏油的酷热下经历一个破坏性过程。在冷凝、倾析和分离后，得到一种典型的、似皮革的、焦臭的油。

挤压法是柑橘类精油的萃取方法，无须加热。这项技术的原理是在室温下机械挤压柑橘皮释放精油，经冷自来水冲洗后，通过倾析和离心分离后获得（图3-4）。虽然这种方法可以保持很好的柑橘香气，但大量水的使用易产生水解、氧化物的溶解以及微生物的迁入，会影响精油品质。为了减少这些负面影响，一些新兴物理方法逐渐受到青睐。橘皮中的油腺通过两个有棱纹的水平滚轴压榨或缓慢移动的阿基米德螺旋结合砂轮压榨，从而释放精油，所得油水乳状液在被细水喷雾清洗后分离。在柑橘类水果加工中，在果汁压榨之前进行精油萃取的称为整果磨皮法（Pelatrici），而在果汁萃取之后压榨果皮提油的称为无瓤半果法（Sfumatrici）。

图3-4　柑橘类精油压榨设备

三、精油绿色萃取的发展

从中国、古埃及、古希腊文明到蒸馏器和冷凝器的发明，再到16世纪收集瓶和20世纪的回流蒸馏。在了解了精油萃取发展的官方史料后，接下来我们再看看最早的绿色萃取是如何发展的。

公元前1世纪，一位植物萃取学者在思考一个问题：植物中成分在水煮过程中是否受温度影响？于是她做了个简单实验，设计了一个双层釜（图3-5），在两层之间加入水，加热第一层，第二层内部放入新鲜玫瑰花瓣。水煮沸后可达100℃，但传热到第二层后可能只有80℃，通过当时常规的收集方法，加上筛网和棉花，最后挤压仍然可以得到带有花香的水。但与当时其他萃取物不同的是，这里的花瓣不是浸泡在水里的，得到带有香气的水全部从花瓣中获得，可以说是最早的无溶剂绿色萃取产品，这个实验说明了芳香成分的挥发性与沸点无关。即使由于内部加热不均匀，有些地方可达更高温度，但不影响花瓣香气的挥发。

公元2世纪，香料萃取物进贡给达官贵人的现象越来越多，但由于技术的落后，有些香气不一定诱人，但最大的问题还是蒸馏器需要用火加热。尤其是在沙漠地带，只能选择用太阳能替代火成为热源，由于大量的水用阳光加热到沸点比较困难，因此蒸馏器在这种情形下是没有办法起作用的。但上述双层釜的想法更加适用，因为不需要加热10L水而是只加热植物鲜料。当时的工程师重新设计了适合沙漠的装置，沙漠温度通常在45℃左右，用黑色吸热能达到60℃左右，加入黑石后可以达到80℃，在反应釜里加入新鲜玫瑰花瓣，在上部加入第二层反应釜，里面加满凉水，然后加热蒸馏，水蒸气带着芳香成分上升到第二层反应釜面上形成水滴，然后因重力汇聚在中间收集，这是史上最早的绿色萃取系统。

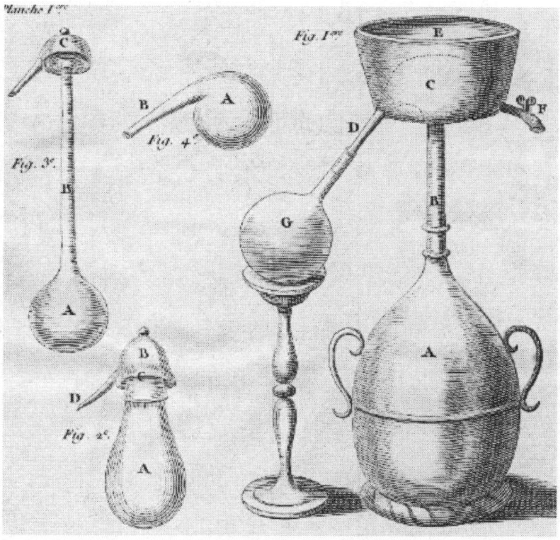

图3-5 玫瑰纯露蒸馏器

常规、传统的精油萃取方法并不是唯一的方法，由于经济、竞争力、生态友好、可持续性、高效和高质量日渐成为现代工业生产的关键词，精油萃取技术的发展从未间断，人们更倾向于应用绿色节能的高新技术，尤其是微波、超声波等新型萃取技术在精油、化妆品和香水等领域的应用。绿色萃取的原则可以概括为：在萃取的过程中发现并设计出能够减少能源消耗，或用绿色可再生溶剂替代化石源溶剂，从而确保萃取物的品质，提高产品的安全性。微波是一种非接触式热源，可以实现更有效的选择性加热。借助微波，萃取中的蒸馏可以在数分钟而不是数小时内完成，具有符合绿色化学和萃取原理的各种优势（图3-6）。

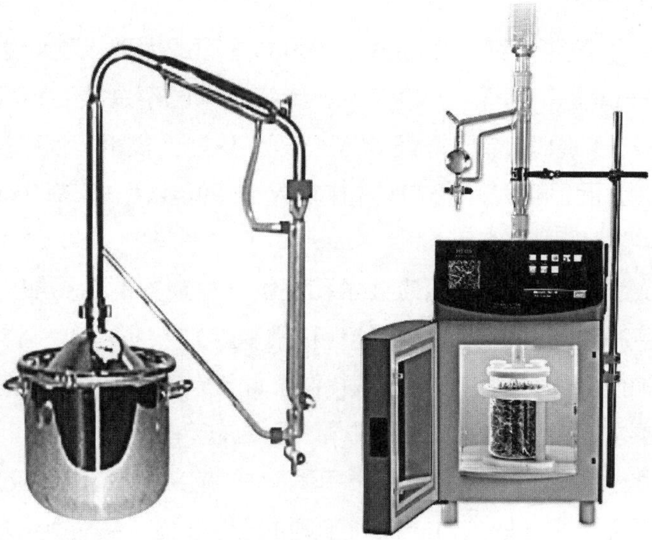

图3-6 传统与新型（微波）的Clevenger萃取仪

微波炉是家中常用的电器之一，可以在很短的时间内加热食品、茶、咖啡等。用火加热玫瑰花时，玫瑰花会燃烧，最后烧焦变成灰；如果我们把同样的玫瑰花放入微波炉中则不会烧焦，这是因为微波不会加热水再让水去加热玫瑰花，它们会直接加热玫瑰花，所以玫瑰花会被干燥，而不是燃烧。Clevenger萃取系统简单易操作，太阳能萃取环保，可以选择用微波取代太阳作为热源，将前面描述的方法优势尽可能集中地设计一款新的萃取系统，即在烧瓶中装上玫瑰花瓣后放进微波炉中，然后连接上Clevenger系统进行萃取。结果如下：利用太阳能精油萃取需1～2d，利用Clevenger系统平均需6～10h，而微波辅助萃取仅仅需20min，便可完成全部的精油萃取和收集，这个技术因此获得了欧盟、美国、《专利合作条约》（PCT）等专利，也成功由企业转化生产。

微波萃取仪的第一代原型，无论在时间、溶剂、能量等方面都有重大改变，原来需要10L水/kg鲜料，现在无须加水；原来需要6～10h，现在仅需10～20min；原来加热1kg原料需要能量100kcal，现在仅需1/10（10kcal），这也意味着减少70%～90% 二氧化碳排放量。和传统萃取的精油相比，微波萃取得到的香气更纯粹，更贴近植物的原始气味，而传统萃取所得精油总会存在一定的水煮味。现在这项技术已逐渐被一些企业扩大化使用。

历经这么多年，当人们用水蒸气蒸馏时，从未想过将仪器倒过来这件事，这在大多数人来看是不可能的事。直到将微波萃取系统倒置的向下的微波萃取出现。相对于之前向上的20min微波萃取，向下的微波萃取只需要7min，现在这项技术越来越受到企业青睐，因为相对于之前向上的微波萃取，向下的微波萃取更加节能高效，最后完全靠重力收集，简单易操作。这套系统现在除了在企业中应用，也逐渐应用在科普研学等活动中。

四、精油的绿色萃取技术

由于经济环保、高效可持续、高品质和竞争力强已成为现代工业生产的关键词，精油萃取技术的发展也一直没有中断。严格来说，传统技术已不是精油萃取的唯一方法。近年来，符合绿色萃取概念和原理的新技术已不断出现，这些新技术不仅可获得与官方技术类似甚至品质更好的精油，而且可大幅度减少操作单元，降低能耗、二氧化碳排放量，减少有害伴随萃取物的产生。

涡轮增压蒸馏通过剪切和破坏效应让水和植物原料搅拌混合更加均匀，在水蒸馏加热和冷却过程中大幅度减少时耗，从而减少能耗和用水量。一般来说，香料或木材这类相对难蒸馏的物料可使用本技术作为替代方法萃取精油。此外，考虑到冷凝过程中的能源回收和循环利用，也可加入蒸发设备，使水加热变成蒸汽，更加节能环保。

超声波辅助萃取省时高效，可帮助提高萃取率并减少能耗。超声过程中的空化气泡突然破裂后产生的微射流会像一把尖刀一样刺穿精油腺体细胞，从而促进植物精油的释放和传质现象。这种空化效应与超声波频率和强度、温度和时间等操作参数密切相关，因此，在有效设计和操作超声波反应器的时候尤为重要。除了得率的提高，超声波辅助萃取还可以减少热降解，使所得精油保持好的质量和气味。但超声波探头的选择需格外小心，因为金属探头在超声波反应过程中会不可避免地带入金属离子，加速氧化并降低精油稳定性。超声波技术现已具备扩大化生产的可能性。以柑橘为例，与传统技术相比，超声波辅助萃取技术可提高44%的精油萃取率。

微波是一种非接触热源，可以进行更高效且更具选择性的加热。相对于传统蒸馏的几小时，在微波的辅助下，蒸馏可在几分钟内完成。这项技术可根据不同实验方案条件，将植物原料放入微波反应器中，可添加溶剂或在无溶剂情况下萃取。20世纪80年代，第一台微波辅助萃取精油仪器诞生，基于蒸汽蒸馏原理，压缩空气被不断注入充满物料和水的微波萃取器中，水和精油随后在微波萃取器外冷凝并分离。因此，该技术又称“压缩气微波蒸馏”，5min反应所得精油与蒸汽蒸馏90min所得精油无异。为了避免水解，获得高品质精油，在20世纪90年代，真空微波水蒸馏技术应运而生。新鲜的植物原料在微波辐照下释放精油，将压力降低至（1～2）×10^4Pa后，使油水共沸混合物在低于100℃下蒸发成为可能，这项操作可以在恒定的微波功率下重复以获得预期得率。该技术比传统水蒸馏速度快5～10倍，且精油得率和成分相当，所得精油感官品质与天然原料接近。由于萃取温度低，热降解几率也随之减小。另外，微波也可辅助传统技术提高效率，如微波辅助涡轮增压水蒸馏、同时微波蒸馏等，在处理时间和溶剂使用方面都可大幅度减少。

近年来，随着人们对化石源溶剂对环境和人体影响的日益关注，一些更绿色的无溶剂技术开始出现。与微波辅助萃取原理相同，无溶剂微波萃取简化操作和清洁工序，从而减少人工、污染防治和装卸成本。无溶剂微波萃取装置可以加热植物原料中的内部水，使植物细胞膨胀致使油腺细胞破裂。微波炉外的冷却系统可以在常压下连续对蒸发出的油水混合物进行冷凝。过多的水回流到反应器中从而保持植物物料适当的湿度。值得一提的是，简单可控的操作参数可优化来使得率和最终品质最大化。和传统技术相比，无溶剂微波萃取已被证明具有产业化潜力，对于迷迭香和薰衣草等常见植物原料，该技术具有萃取时间短、高效清洁、在优化条件下感官性质优良等优势。在此基础上微波水扩散和重力收集装置诞生，这项技术在常压下通过微波加热植物原料中的水，所有萃取物，包括精油和水，在重力作用下流出带孔玻璃托盘，进入冷凝系统（图3-7）。该技术既不是常规微波辅助萃取的改良，也不是传统水蒸馏技术的升级，也不像无溶剂微波萃取技术中仅使用植物内在水蒸馏精油。此外，该技术可在不同真空度下进行，以及对干物料精油的萃取也相继被研究，并在能耗、终产品纯度和废水后处理上均取得了较好的效果。

瞬时降压技术是一项直接萃取—分离技术，它不同于传统技术中的分子扩散，而是通过高温（180℃）高压（1000Pa）条件下短时蒸发和多循环瞬时降压条件下自动蒸发植物中挥发性分子。这项无溶剂技术在效率和节能上均显著提高，每个瞬时降压循环中非常短的

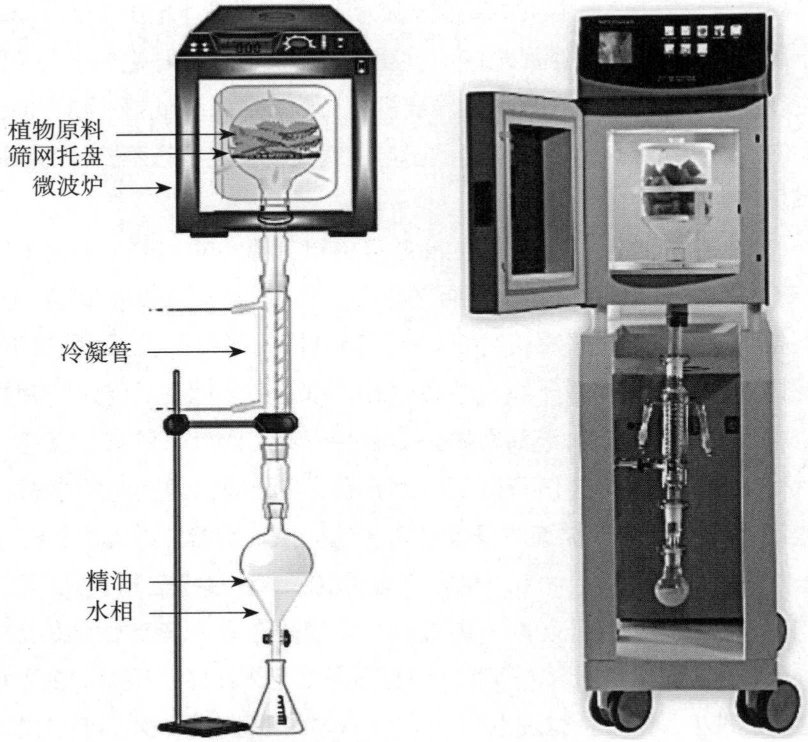

图3-7　微波辅助绿色萃取和重力收集装置

加热时间也减少了热降解现象。与传统技术相比，瞬时降压技术表现出相同甚至更高的精油得率，精油中氧化物增多，倍半萜烯类降低，品质更好。另外，对所有香料作物，加热时间和循环次数对该萃取技术的效率具有重要影响，可参数优化后再进行。

除了以上技术，精油萃取还有其他新兴技术，都已成功被应用于产业化中。表3-2概述了这些技术的原理、影响因素和优劣势。虽然这些技术相对于传统技术均可在短时间内获得高品质萃取物，但由于现标准法规中精油被严格定义为传统方法所得产品，所以这些新技术所得精油并不在管理标准的名单中，这也意味着未来对企业标准的修正或重新制定尤其重要。

表3-2　精油萃取新技术

名称	简介	优势（A）和劣势（D）	主要影响因素
同时蒸馏萃取	水蒸馏或蒸汽蒸馏与溶剂萃取相结合，常用于分离芳香植物的挥发性成分。使用溶剂不溶于水且高纯度。考虑到效率、规模和终产品品质，该技术已经被改良多版	A：减少溶剂使用，减少过多的热降解以及萃取物被水稀释 D：人工产物，亲水萃取物缺失	处理时间 溶剂 氧气

续表

名称	简介	优势（A）和劣势（D）	主要影响因素
脉冲电场辅助萃取	在高电压下应用短脉冲制造电压缩，撕开植物细胞并穿破。该技术处理室包括至少两个电极，在中间有个绝缘区域，也是植物原料处理的位置	A：保持新鲜品质，低能耗，热影响小 D：只针对可用泵抽吸的原料，受黏度和产品颗粒大小限制，费用高	流速 脉冲频率 电场强度 预热
超临界流体萃取	植物原料放置于通入超临界二氧化碳的萃取器中。在超临界状态（大于7400Pa和31℃），二氧化碳可转化为具有高扩散性的脂溶性溶剂，其从类气态到类液态的高密度赋予其萃取和运输特性。运载着萃取物的流体通过气相，然后在分离器中被分离收集	A：二氧化碳廉价易获得，无毒，高扩散性，选择性，对敏感分子无影响 D：设备成本高，对压力和温度的操作能耗高	处理时间 压力 二氧化碳流速
亚临界水萃取	热水的温度控制在沸点100℃和临界点374.1℃，在高压下一直保持液体状态。在亚临界条件下，水极性降低，从而在没有其他有机溶剂的情况下萃取中等极性和非极性的分子	A：清洁，成本低，简单，安全，迅速，可调控水的极性，高比例的氧化产物 D：设备成本高，高能耗，热降解	温度 压力 水流速 固体颗粒大小

五、小结

精油的使用历史悠久，但真正开始生产还要追溯到16世纪收集装置的出现；经典的精油萃取包括4个基本单元：蒸馏器、冷凝器、收集瓶和回流系统；传统的水蒸气蒸馏方法沿用至今，但随着绿色萃取技术的兴起，未来会慢慢转型。

思考题

（一）判断题

1. 早在法老时代便开始生产和销售植物精油。（ ）
2. 佛罗伦萨瓶的出现可以有效地分离精油。（ ）
3. 蒸馏冷凝系统也可用来进行高浓度烈酒的制作。（ ）
4. 植物精油的挥发性与其芳香成分的沸点有关。（ ）
5. 太阳能可取代火作为热源进行精油萃取。（ ）
6. 微波萃取仍需再添加水作为溶剂才可获得精油。（ ）

（二）选择题

1. 现代精油萃取系统不包括下面哪一装置？（　）

A. 蒸馏器　B. 冷凝器　C. 压缩器　D. 收集器

2. 精油蒸馏器的雏形出现在哪个时代？（　）

A. 古埃及　B. 古希腊　C. 古罗马　D. 古中国

3. 以下哪种方式不属于精油的绿色萃取？（　）

A. 微波萃取　B. 太阳能萃取　C. 超临界流体萃取　D. 正己烷萃取

4. 以下哪种不属于精油绿色萃取技术的优势？（　）

A. 成本低　B. 时间短　C. 能耗低　D. 品质好

5. 向下的微波萃取相比向上的微波萃取，不具有以下哪个特点？（　）

A. 时间短　B. 得率低　C. 靠重力收集　D. 能耗低

（三）精油萃取试验

根据本节知识内容，准备蒸馏器、冷凝器和收集器三种玻璃仪器并组装形成传统精油蒸馏简易装置，将植物原料和水放置蒸馏器中，试验精油萃取。

第三节　芳香疗法

一、概述

芳疗是“芳香疗法”的简称，这个词同样由两个外文单词衍变而来（Aroma Therapy），“Aroma”译为芳香，即一种可渗透入空气中，看不见但闻得到的精细物质，这里指植物精油的挥发性芳香成分，也指精油本身；“Therapy”译为治疗、疗法。

芳香疗法是一门科学，也是一门艺术，更体现了人民对美好生活向往的追求。中国的芳香文化可追溯到殷商时期，在甲骨文中就有熏燎、艾蒸和酿制香酒的记载，周代也有佩戴香囊、沐浴兰汤的习俗。从战国到秦汉，芳香疗法从实践逐渐上升到理论的初步探索，开始出现使用芳香植物外治，《神农本草经》的出现也为后世如何运用芳香植物提供了重要依据。此外，在《黄帝内经》《千金翼方》等医学名著以及《诗经·卫风·伯兮》《山海经》等非医学类的著作中，均有体现中医美容的内容。魏晋南北朝时期，熏香在上层社会的流行促使中国芳香文化得到较大的发展。到了唐代和宋代，文人、医师、药师及佛家、道家人士的参与使得芳香文化从皇宫内院、文人士大夫阶层扩展到了普通百姓生活中，出现了《香方》《香谱》和《圣济总录》等一批著作，进入到中国芳香文化的鼎盛时期，“海上丝绸之路”也出现了专事海外运输芳香植物的“香舫”。元、明、清时期，佛家、道家和儒家均提倡用香，民间开始流行香炉、香盒、香瓶和烛台等搭配在一起的组合香具，《本草纲目》中也收集了大量芳香植物进行药用治疗的介绍。直至2005年，“芳香保健师”职业纳入《国家职业分类大典》，芳香疗法才得以正式规范发展。

图3-8　法国化学家勒内莫里斯·加特福塞

20世纪初，法国化学家勒内莫里斯·加特福塞（图3-8）在实验室的意外爆炸中用薰衣草精油治好了自己严重灼伤的双手，随后他开始研究各种精油的用法，并出版了一本专门论述精油功效的医学书籍《芳香疗法》，证实了“植物精油具有极佳渗透性”，从此开启了芳香疗法的新纪元。奥地利的莫利夫人是第一位将美容保养、健康护理和芳香疗法结合在一起的人，将芳香疗法拓展到更广泛、更适用的应用领域。最早的精油按摩技术使植物精油通过嗅觉或皮肤进入身体，来达到精油外用的最大功效，使芳香疗法趋于完备并获普遍认可。

芳香疗法描述了利用植物精油调理身体的疗法，这是一种辅助性的疗法，或称“自然疗法”，意即与普通医疗相似，但并非取代传统医疗的疗法。如今的芳香疗法主要分为三类：美学芳香疗法、临床芳香疗法、整体芳香疗法。美学芳香疗法主要是指用精油的香气来获得心情上的放松，如玫瑰和橙花的香气可以使人愉悦，此外精油还用于昂贵的香水配制。临床芳香疗法则是针对特定的临床症状进行使用并观察结果，其中又细分为医疗芳香疗法和护理芳香疗法。整体芳香疗法是最常见的一类，它同时考虑了人体的身体、心理、情绪的需求，从而选择合适的精油进行混合并搭配合适的方法如按摩。

什么是芳香疗法？

简而言之，芳香疗法依靠从植物萃取出的精油，合理运用单方或复方精油，依照不同的使用方式（如嗅闻、按摩、沐浴、蒸汽吸入、喷雾、皮肤保养、护发等）搭配使用剂量、使用部位与手法来调理身体，以及平衡精神、情绪或养生保健，最终获得身、心、灵之整合性效果。

二、芳香疗法中精油的调配

芳香疗法的实践就是在关注精油的调配，这也是芳疗师在对顾客身体状况进行正确判断后进行的主要工作。由于精油中的挥发性芳香分子很容易自皮肤渗透入血液、组织及分泌系统，所以起效迅速，部分精油的细微分子作用类似激素，与人体自身的激素交互作用后，直接影响调理身心的反应，运用天然植物精华，透过皮肤、经络影响神经、激素、血液和免疫等系统，帮助人体身心舒解，调理新陈代谢，从而促进身体健康、心理愉悦。

单方精油浓度为1%的配方称为“生理剂量”配方，温和且安全。部分比较刺激的单方精油，安全浓度应稀释到0.5%。当使用合成和天然植物精油时，会明显发现二者配伍性的差异，当使用50%的非天然合成精油，与另一个50%的合成精油结合在一起时，最终得到的是各占50%的混合精油。但当调配天然植物精油时，它们与合成精油不同，这是由于其成分复杂又极具活性，是天然的植物原料，当把它们混合到一起，它们的香气会变化，所以会有人觉得调配困难而不愿使用天然精油，但对于对芳疗充满热情的人来说，这是个享受的过程，因为无法预测调配出何种风格的精油。但当配方与比例合适时将它们调配在一起会非常和谐，这种将一种和多种精油一起调配并融合的方法称为协同作用（Synergy）。当学会运用协同作用，它会比单一精油更有能量，例如薰衣草、玫瑰以及柠檬三者加在一起的能量会明显高于它们单独的能量，这也是芳香疗法的核心，比较困难的是如何调配精油，以及如何搭配不同精油。

在调配精油时可以根据自己喜欢的香味、生理需要及香氛的持久程度来搭配精油。但有些精油改善生理功能的作用是相反的，这是它们所含的天然物质成分和化学成分复杂以及剂量所致，比如薰衣草精油在低剂量时是非常好的安抚镇定油，而高剂量时则成了具有兴奋刺激的精油。

根据不同年龄段的女性调查需求程度，以下提供几款简单易行的家用精油配方。

（1）面部皮肤精油调配

① 美白配方： 柠檬2滴+薰衣草2滴+茉莉2滴+荷荷芭油10mL+小麦胚芽油1mL或柠檬2滴+玫瑰1滴+橙花1滴+乳香1滴+甜杏仁油7mL+玫瑰果3mL。使用方法：将调配好的精油擦于脸部，顺着皮肤的纹理斜向按摩至全部吸收，避免入眼和嘴。根据皮肤周期，1个月左右可达到理想效果。长期使用皮肤会由内而外的细嫩、白皙、滋润。因含柠檬、甜橙和佛手柑成分，白天避免使用，并注意日常防晒。

② 祛痘配方： 肉桂2滴+檀香1滴+茶树2滴+荷荷芭油10mL。使用方法：将调配好的精油擦于脸部，顺着皮肤的纹理斜向按摩至全部吸收，避免入眼和嘴。根据皮肤由内而外调理肌肤的分泌机能，稳定皮肤酸碱度，祛除青春痘。严重者可用茶树单方精油点涂患处，早晚各一次，并注意日常防晒及饮食。

③ **柔肤配方：** 柠檬3滴+天竺葵2滴+葡萄籽油10mL或丝柏2滴+天竺葵2滴+依兰依兰1滴+荷荷芭油10mL。使用方法：将调配好的精油涂于面部，顺着皮肤的纹理斜向按摩至全部吸收，避免进入眼和嘴。它能有效收敛毛孔，改善毛孔粗大情况，紧致肌肤，增加皮肤通透性，令肌肤细腻光滑，早晚各一次，日常注意防晒。

（2）身体护理精油调配

① **纤体塑身配方：** 肉桂2滴+丝柏3滴+杜松5滴+葡萄柚5滴+月见草油20mL。使用方法：将调配好的精油涂于身体需要减肥的部位，上下或打圈按摩至发热后，将保鲜膜敷上8～10min后取下。除月经期外可每天使用。

② **柔体嫩肤配方：** 乳香1滴+檀香5滴+玫瑰5滴+依兰依兰2滴+甜杏仁油20mL。使用方法：将调配好的精油涂于身体按摩至全部吸收，敷保鲜膜8～10min后取下。或用调配好的精油滴入润肤乳擦于皮肤上，也可达到良好的效果。除月经期外可每天使用。

③ **排毒配方：** 薰衣草5滴+迷迭香5滴+葡萄籽油20mL。使用方法：将调配好的精油涂于胸部下面，再向下推8～10min即可。

（3）内体护理精油调配

① **失眠配方：** 乳香4滴+薰衣草8滴+檀香8滴+甜杏仁油20mL。使用方法：将调配好的精油按摩头部。

② **重感冒配方：** 迷迭香10滴+薄荷10滴+荷荷巴油20mL。使用方法：将调配好的精油按摩背部。

③ **胃病配方：** 洋甘菊10滴+天竺葵5滴+玫瑰5滴+葡萄籽油20mL。使用方法：将调配好的精油按摩胃部。

④ **牙疼配方：** 洋甘菊6滴+薄荷6滴+罗勒8滴+甜杏仁油20mL。使用方法：将调配好的精油按摩腮部和耳部。

⑤ **便秘配方：** 香橙6滴+檀香6滴+迷迭香8滴+月见草油20mL。使用方法：将调配好的精油按摩肚脐处。

⑥ **脚气配方：** 茶树2滴+柠檬8滴+甜杏仁油20mL。使用方法：将调配好的精油按摩脚部。

（4）妇科护理精油调配

① **妊娠纹修复配方：** 茉莉8滴+肉桂12滴+甜杏仁油20mL。使用方法：将调配好的精油涂于有妊娠纹的部位，以打圈的形式按摩8～10min，再敷保鲜膜8～10min后取下。

② **痛经缓解配方：** 百里香2滴+薄荷6滴+天竺葵4滴+玫瑰8滴+月见草油20mL。使用方法：将调配好的精油涂于痛经部位，把手搓热以打圈的形式按摩8～10min。再将精油涂于腰臀之间的底骨部位，把手搓热以推拉的形式推热为止，敷保鲜膜8～10min后取下。以月经前后使用为主，平时每天使用为辅。

③ 贫血配方：迷迭香8滴+洋甘菊8滴+天竺葵4滴+小麦胚芽油20ml。将调配好的精油涂于全身按摩至全部吸收，敷保鲜膜8～10min后取下。

三、芳香疗法中精油的分类和特性

精油品种很多，如何更好地选择合适的精油？如何更好地搭配功效和香气？需要了解并认识常用精油的分类和特性。首先，根据香气类型可分为花香、柑橘香、草本香、樟脑香、木香、树脂香、土香和辛香八类，这八类大部分在生活中较常见，相对较陌生的如樟脑香类包括了尤加利、胡椒薄荷和茶树；树脂香类包括了乳香、没药和安息香；土香类包括了广藿香和岩兰草。其次，根据挥发度可分为快、中、慢三板，快板精油的挥发速度是最快的，香氛可持续45～60min，主要作用于神经系统，大部分有提神、振奋的功效，一般柑橘类的精油都属于快板精油，比如在城市开车遇到交通堵塞，会让人很疲惫，这时候如果用一些柠檬或者其他柑橘类的精油，就会使人集中精神，活力十足。

中板精油的挥发度适中，香氛可持续2～3h。主要作用于消化系统、各器官生理功能、改善新陈代谢等，一般花香类精油都属于中板精油，其中最受欢迎的莫过于玫瑰精油了，玫瑰总是和女性相关联，其精油非常舒缓，所以在芳疗中，大多数与女性相关问题，如经期问题，都会用到玫瑰精油。茶树精油也是一种很受欢迎的中板精油，它起源于澳大利亚，取自叶子，可消除真菌，可以用在运动员的脚上，帮助清除脚趾间的真菌；它还有助于祛斑，治疗粉刺；还可以帮助治疗感染性发烧。

慢板精油挥发度最慢，香氛持续时间可达5h以上甚至几天。主要作用于黏膜系统和脊椎，常用于慢性疾病的护理和改善情绪和生理问题，一般来自植物根部或树木的精油。比如很多男性喜欢肉桂的味道，通常肉桂精油被用来制作男士香水，它让人感觉温暖、镇静，有助于缓解工作压力。

根据调节生理功能不同也可将精油分为振奋（黑胡椒、尤加利、甜茴香、杜松、绿花白千层、欧薄荷、迷迭香）、安抚（佛手柑、丝柏、乳香、天竺葵、玫瑰、甜罗勒）、催情（依兰依兰、玫瑰、茉莉、快乐鼠尾草、甜茴香、生姜、橙花）、抑菌（佛手柑、杉树、洋甘菊、丝柏、乳香、天竺葵、真实薰衣草、迷迭香、檀香）、止痛（芳香白珠树、佛手柑、洋甘菊、尤加利、欧薄荷、檀香）、收敛（快乐鼠尾草、丝柏、欧薄荷、檀香）、滋养神经（洋甘菊、快乐鼠尾草、甜茴香、天竺葵、依兰依兰）、抗抑郁（佛手柑、洋甘菊、快乐鼠尾草、天竺葵、真实薰衣草、甜罗勒）和利尿（黑胡椒、洋甘菊、尤加利、甜茴香、天竺葵、杜松、真实薰衣草、柠檬）九类。

四、芳香疗法中的植物科属精油

精油的“植物科属”和“精油化学”被誉为是精油学习的两把钥匙。其中芳疗学习中的植物科属大概涵盖约20科，近200种芳香植物。每个植物科属的植物都有一定的共性，以下总结归纳了15个常见的植物科属（图3-9）。

（1）松科（Pinaceae） 典型植物：欧洲赤松、大西洋雪松、黑云杉等；科属特征：挺立的阳性力量；身体功效：长效止痛消炎，有助于处理慢性关节炎；心理功效：提升抗压能力；其他特点：树龄长，精油效果温和缓慢，一般需要6个月才看到效果。

（2）柏科（Cupressaceae） 典型植物：杜松、丝柏等；科属特征：稳重，恒古的宗庙感；身体功效：促进水分循环，净化肾脏，消除水肿，利尿排毒；心理功效：适合冥想、打坐、禅定等与内在沟通时使用；其他特点：具有净化特质，借助熏香能缓解负面能量与情绪。

（3）橄榄科（Burseraceae） 典型植物：没药、乳香等；科属特征：具有沧桑的历史感，给人坚忍的形象；身体功效：促进伤口愈合，抗皱活肤，循环活血，消除黑眼圈，止咳；其他特点：有特殊的酸类成分，亲肤性极高。

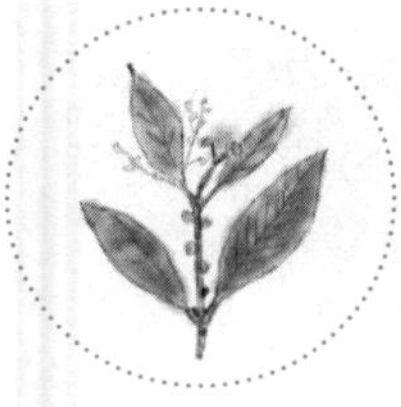

（4）樟科（Lauraceae） 典型植物：芳樟、月桂、山鸡椒、肉桂等；科属特征：药性猛烈，适合快速见效时使用；身体功效：抗菌，适合呼吸和生殖系统；其他特点：适合体弱，容易受风寒体质。

（5）桃金娘科（Myrtaceae） 典型植物：蓝胶尤加利、香桃木、茶树、绿花白千层等；科属特征：具有生存意志的精油；身体功效：阴阳调和，补阳滋阴；心理功效：稳定、平复情绪；其他特点：容易刺激皮肤。

图3-9

（6）菊科（Asteraceae） 典型植物：德国洋甘菊、罗马洋甘菊、意大利永久花等；科属特征：有着极强的凝聚力量；身体功效：去除阴邪、湿气和霉菌，清凉解毒，清肝消暑；其他特点：适合神经系统使用。

（7）唇形科（Lamiaceae） 典型植物：真实薰衣草、迷迭香、香蜂草、马郁兰、甜罗勒等；科属特征：繁殖能力强；身体功效：多元化疗愈功效，应用广泛。

（8）伞形科（Apiaceae） 典型植物：甜茴香、芫荽、欧白芷根等；科属特征：折射宇宙，全即是一；身体功效：暖胃，消胀气，促进食欲，促进排便，改善消化不良，强大排毒作用。

（9）芸香科（Rutaceae） 典型植物：佛手柑、苦橙叶、甜橙、柠檬、葡萄柚等；科属特征：扫除忧郁阴霾；身体功效：补气效果好，止痛，去油性强，抗菌强，适合油性皮肤；心理功效：有助于缓解焦躁、忧郁、成瘾，镇静情绪；其他特点：含有呋喃香豆素，具光敏毒性，使用避免阳光直晒。

（10）豆科（Fabaceae） 典型植物：零陵香豆、银合欢等；科属特征：充满希望与甜蜜的美好；身体功效：疗愈力强，对挤过痘痘的皮肤具有绝佳收口效果，预防色素沉淀的特性；心理功效：放松心灵。

（11）禾本科（Poaceae） 典型植物：玫瑰草、柠檬香茅、岩兰草等；科属特征：具有韧性；身体功效：促进血液循环，强化韧带，修复肌肉。增加血管弹性，阻止静脉曲张恶化；心理功效：提供勇气、耐力、愈挫愈勇的精神。

图3-9

（12）姜科（Zingiberaceae）典型植物：姜、姜黄等；科属特征：滋养与扎根；身体功效：促进消化系统作用，性温散寒，处理关节问题；心理功效：平衡神经系统，带来稳定的力量。

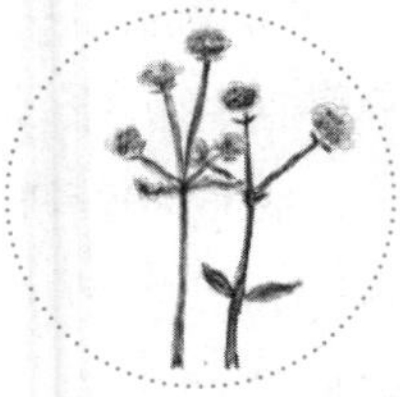

（13）马鞭草科（Verbenaceae）典型植物：柠檬马鞭草、贞节树等；科属特征：失衡处扶正；身体功效：辅助调节失衡的激素；心理功效：平衡过度自我压抑或过度膨胀。

（14）杜鹃花科（Ericaceae）典型植物：芳香白珠、髯花杜鹃等；科属特征：具有身心耐受力；身体功效：止痛消炎，激励肝肾排毒；心理功效：增加对生活的耐受力。

（15）败酱草科（Valerianaceae）典型植物：缬草、藏红花等；科属特征：平衡神经系统；身体功效：精华排毒，缓解神经系统紊乱引起的妇科、循环系统问题；心理功效：镇静安神，处理失眠。

图3-9

五、芳香疗法的嗅闻

100%纯的精油，味道非常浓烈，如果用力过猛，闻得过多，会感到头疼，所以不要只是用鼻子闻精油，而需用大脑来闻。闻精油是有技巧的，称为闻香技巧，在香水调香里也常常使用。

闻香技巧：握住精油瓶后轻轻地敲击，闭上眼睛，握住它放在下巴的高度，然后自然呼吸，不要大力吸气，或摇头发出声音等，注意力不要在鼻子上，而是在头脑中，用大脑体会气味。

有些油占主导显得太强势了，比如依兰依兰精油，如果把佛手柑和依兰依兰以同样比例放在一起，那么它就太浓郁、强势了。佛手柑更圆润柔和，如果想要得到少一点依兰依兰的味道，可以把它握低，然后再来闻，就能感受到气味的变化。2份佛手柑搭配1份依兰依兰，在搭配3种精油时，需要充分感受它的味道，这样可以判断哪款精油比例过多，来做适当的调整。

在芳香疗法中，除了常用的直接吸闻和按摩护肤外，精油还可以通过其他简单的方式呈现。例如：熏蒸：取1个大瓷碗，盛上沸水，滴入3～4滴精油后，用大浴巾将头部和瓷碗一同盖住，呼吸含有精油的热气。这个方式可以畅通呼吸道，对于干咳和流涕都有很好的效果；湿敷也是1种常见的精油使用方法：将棉纱布放入含精油的冷水或热水中浸湿，敷于患处，可帮助精油深层渗透，改善多种身体问题。热敷可促使微血管扩张，改善局部血液循环和淋巴循环，帮助缓解肌肉痉挛，适用于痛经、风湿痛、腹痛和背痛等。冷敷可降低体温，帮助血管收缩，减轻局部充血和水肿，并可降低神经末梢的敏感度，抑制感觉神经，从而减轻疼痛，适合新发生的损伤，例如痘痘、烫伤和肌肉酸痛等。历史上的王室贵族们喜欢在浴盆内撒满鲜花花瓣，现代更简单的方法是，用1勺牛奶或蜂蜜将精油加入泡澡水中充分稀释后，被打散的精油分子可接触全身肌肤，可提高身体对精油的吸收效率。泡澡将6～8滴精油滴于浴缸内，浸泡15～20min，水温以37～39℃为宜，过高温度会使精油挥发太快且易使人疲劳；足浴浴盆最好是不锈钢材质，将4～6滴精油滴于温水中，或将3瓶盖复方精油倒入浸足的水中，按摩双足后用冷水冲洗，擦干；沐浴是把沐浴液倒入沐浴巾中，再滴入3～4滴精油搓洗全身；臀浴可将丹参、薰衣草、茶树、玫瑰和天竺葵等植物精油滴于不锈钢或木盆中，与水充分混合后，让整个臀部及下身浸泡于其中，对女性生理卫生有极好的效果。臀浴也可以舒缓痛经、经前沮丧，并预防很多妇科疾病的产生。此外，加1～2滴精油在1杯水中调匀，用来清洗口腔或漱口，可有效舒缓感冒症状及口腔不适。运用复方精油或基础油涂抹于患部或穴位，再用刮痧器刮拭，通过轻刮为补，重刮为泻的手法刺激经络，使皮下充血，从而起到醒神救厥、解毒祛邪、行气止痛、健脾健胃的作用。

六、小结

芳香疗法的核心实践在于精油调配；根据精油香气类型、挥发度和生理功能合理进行调配，熟练运用后会产生意想不到的协同效果；熟悉植物科属可了解不同精油属性和能量，也是打开芳香疗法大门的钥匙；掌握精油闻香技巧和使用方法，可细致感受精油调配在生活中的美妙和乐趣。

思考题

（一）判断题

1. 芳香疗法可以取代传统疗法来治病。（　）
2. 天然精油间的搭配与合成精油间的搭配具有相同的协同作用。（　）

3．了解“植物科属”是芳疗精油学习的钥匙。（　）

4．精油需要用大脑来闻。（　）

5．每种植物精油都很独特，没有共性。（　）

（二）选择题

1．以下哪种不是精油搭配的依据？（　）

A. 挥发度　B. 品种　C. 香型　D. 功效

2．以下哪种精油属于中调精油？（　）

A. 肉桂精油　B. 薄荷精油　C. 甜橙精油　D. 玫瑰精油

3．精油的香气类型不包含以下哪种？（　）

A. 花香　B. 土香　C. 甜香　D. 木香

4．真实薰衣草、迷迭香属于以下哪个植物科属？（　）

A. 马鞭草科　B. 樟科　C. 禾本科　D. 唇形科

5．以下闻香技巧哪种不适合？（　）

A. 闭眼感受　B. 摇头发声　C. 体会思考　D. 合理搭配

（三）精油调配试验

都市生活精神压力大，睡眠不好与白发、脱发密切相关。如果想达到提神或助眠的功效，应选择怎样的精油搭配？根据本节知识内容，试验精油调配。

第四节　植物油与美容

一、植物油搭配精油用于美容

单方精油是100%高浓度的，如果将精油直接抹在皮肤上，除少部分精油，大多数会使人感到疼痛，所以，在使用前必须要进行稀释。但并不是什么溶剂都可以用来稀释的，只能采用植物油来稀释，比如甜杏仁油、葡萄籽油、金盏花油等。植物精油都是100%纯天然萃取，不能把它们添加到婴儿油或者人工合成油中。因为精油可以通过植物油被皮肤吸收，如果使用婴儿油或者合成油，那精油将无法进入血液中，只会停留在皮肤表面。

由于精油的浓度非常高，稀释也需要不同比例，一般身体使用的精油添加比不能超过

1%，即每100mL植物油稀释不超过20滴精油。当拧开精油瓶时，会发现所有瓶子都配有滴管，这可防止精油随意倒出，通过挤压或倾倒可以帮助滴出精油。也可以将基底油放入1个小盘内，然后滴入几滴精油混匀。

单方精油使用需要稀释，它们的浓度都有哪些注意事项？

一般用于身体的浓度是1%～3%，用于面部的浓度为0.25%～2%，因为面部皮肤相对身体其他部分要更敏感。婴幼儿稀释安全浓度在1%以内，但需选择合适的精油。

除少数特例外，一般而言极少将未经稀释的精油直接涂抹在皮肤上，主要是为了避免刺激皮肤，精油的渗透性强，进入皮肤后会随着血液带到身体的其他器官。涂抹时必须先和基质调和，因此，脂溶性的植物油往往是精油的绝佳伴侣，它们在芳香疗法中又称基础油（Base Oil或Carrier Oil）。植物油和精油均为植物代谢的天然产物，二者搭配相得益彰，能产生协同作用，可润滑肌肤，能直接用于肌肤按摩。

基础油除了稀释精油外，还有其他功效么？答案是肯定的。精油稀释所选择的基础油也是值得研究的。例如，护肤保养会选择一些清爽容易吸收的油脂，但这类油脂在身体推拿中并不适用，在短时间内就被吸收变干了，不利于长时间持续性的推拿按摩。因此，为了防止太快吸收并增加摩擦力，通常会选择橄榄油等厚重些的油脂。此外，还需结合精油的功效，例如葡萄籽油有很好的抗氧化效果和抗衰作用，与抗衰紧致的单方精油调配，就能发挥出更好的效果。当然，除了使用一种基础油稀释一种单方精油的配方外，还可以根据用途和目的，使用多种单方精油和基础油混合调配，但一定要注意浓度和使用注意事项。

二、芳疗中的传统植物油

根据古人数千年以来的经验及现代科学研究证实，萃取自果实、核果与种子的天然植物油，能使身体与肌肤保有最佳的生理状态，预防多种疾病，是价值极高的药用与护肤用品。以下是在芳香疗法中经常运用的植物油品种（图3-10）。

（1）甜杏仁油［Almond Oil（Sweet），拉丁学名：*Prunus dulcis*，科名：蔷薇科（Rosaceae）］，生产于环地中海区的希腊、意大利、法国、葡萄牙、西班牙以及北非等地，是使用最广泛的植物油之一。它与任何植物油皆可互相调和，是一种中性的基础油，因此也是最为广泛使用的基础油。

芳香疗法所用到的甜杏仁是通过冷压初榨的工艺所得到的淡黄色植物油，是从甜杏仁的果仁中压榨所得。甜杏仁油油酸含量高达80%，亚油酸的含量也有15%～20%，饱和脂肪酸约6%，触感好，延展性佳。此外，它富含天然抗氧化成分维生素E，以及少量的矿物质、维生素A、维生素K和维生素B等。无论口服还是涂抹于皮肤都有很好的保养效果。冷压的甜

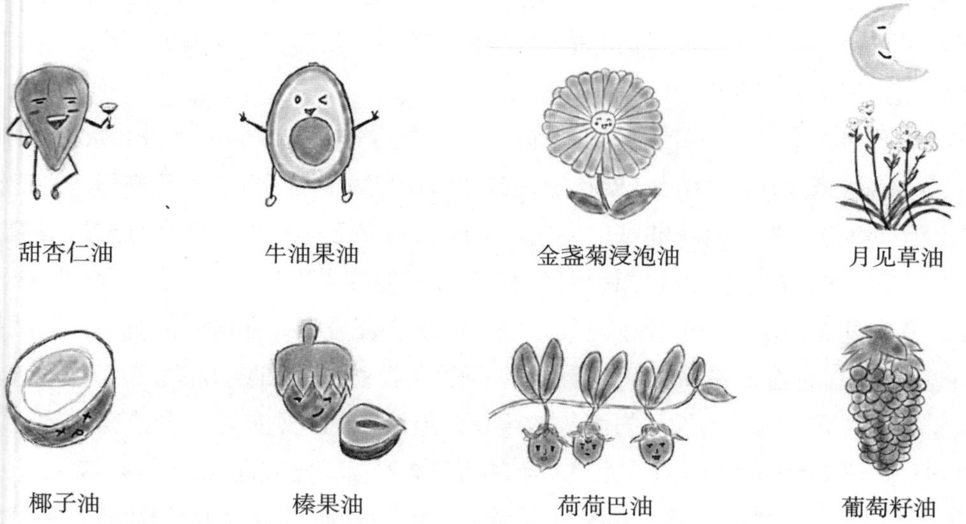

图3-10 芳香疗法中常见植物油品种

杏仁油带着淡淡的坚果清甜香，触感轻微黏稠，涂抹在皮肤上，油润感较强，特别适合干燥肌肤。

甜杏仁油是一种天然的软化润湿剂，可软化修护指甲周围干皮，舒缓干癣、湿疹、皮肤炎以及干燥肌肤所造成的瘙痒以及过敏、发炎和晒伤的皮肤。药学研究显示，甜杏仁油可经未受伤的肌肤缓慢吸收。甜杏仁油亲肤不油腻，温和不刺激，经常被用来做按摩，是婴幼儿的按摩理想油，也可用来缓解运动过度引起的肌肉疼痛，加强细胞带氧功能，消除疲劳与乳酸累积，具有镇痛和减轻刺激的作用。此外，甜杏仁油还具有隔离紫外线的作用，长期使用也有助于消除妊娠纹。因此，它是很多芳疗爱好者的最爱，特别是含有较多活性成分的新鲜植物油。

（2）杏桃仁油［Apricot Kernel Oil，拉丁学名：*Prunus armeniaca* L.，科名：蔷薇科（Rosaceae）］的用法与甜杏仁油非常相似，因其质地易于吸收，同时也可以软化和滋润皮肤，故对于保护皮肤有很好的效果，可缓和因湿疹所引起的瘙痒，对敏感、干燥和老化的皮肤也很有帮助。另外，杏桃仁油具有美发的功效。细磨过的壳有时可以当作磨砂膏来去除肌肤的老旧角质。

（3）牛油果油［Avocado Oil，拉丁学名：*Persea Americana* Mill.，科名：樟科（Lauraceae）］，又称鳄梨油，是一种上乘的皮肤表层软化剂。相对于其他植物油，它的表皮渗透力更强，在松弛肌肉和按摩上极有价值，对干燥肌肤、皮肤炎、抗初老和皮肤修复均有很好的效果，曾用于治疗雷诺氏症（受冷时手指发红、发紫、疼痛等症状）。鳄梨油中含有非皂化的成分，有时候会被分离出来，这种成分对停经后的妇女维持肌肤柔顺效果绝佳。

另外，鳄梨油中也含有大量的卵磷脂，它广泛使用在包括口红在内的化妆品上。将鳄梨果泥当作面膜敷在脸上约20min，对皮肤有清洁和滋润的效果。若再加上等量的芝麻油和橄榄油，对防晒也有极佳的效果。

（4）金盏菊浸泡油［Macerated Calendula Oil，拉丁学名：*Calendula officinalis*，科名：菊科（Asteraceaeor Compositae）］，这种植物油属于浸泡油，对皮肤有良好的作用，可以被使用在静脉破裂、静脉曲张、瘀伤、湿疹和割裂伤等方面，如果加入2～3滴适当的精油，可增强效果，并改善上述或其他状况。就如其他的浸泡油一样，金盏菊油比一般的基础油贵，因此通常会以1：3的比例与其他适当的植物油混合，在这种情况下，当然也可以加入其他的精油。金盏菊油单独局部使用时，对面部静脉破裂和婴儿的尿布疹很有效。

此外，金盏菊的配方在美容护肤方面的效用是众所皆知的，例如在脸部紧实功效上。金盏菊油对于龟裂皮肤上的保养修复，尤其是手部和身体产品，已被证实十分有成效。它经常以3%～10%的比例与油性以及乳化的化妆品混合，用于清洁、软化和舒缓肌肤。金盏菊植物被制成乳液等产品时，不但具有温和去角质和舒缓肌肤的效果，且广泛地被当做软化剂和保湿液使用在美容上。

（5）椰子油［Coconut Oil，拉丁学名：*Cocos nucifera* L.，科名：棕榈科（Palmae）］的润肤效果众所周知，常使用在世界各地的芳疗按摩过程中。因其具有润滑的特性，被广泛使用在润肤剂、护发油制作中，也被用在制作口红和肥皂的配方中。许多润发乳含有椰子油，因为它有益于干性发质。在热带地区从小就在头发上涂抹椰子油的种族，很少出现头发发白和秃顶的问题。椰子油也可以助晒，但并不能过滤阳光紫外线。另外需要注意的是，虽然椰子油可以使皮肤光滑如丝绸，但也有可能会引起疹子。

（6）月见草油［Evening Primrose Oil，拉丁学名：*Oenothera biennis O. glazioviana*，科名：柳叶菜科（Onagraceae）］，可加速伤口愈合，对牛皮癣、湿疹和干燥剥落的皮肤有益，对改善头皮屑也有一定的效果。最新的应用表示可以降低孩童过度活动力，缓解酒精中毒，缓解经期前紧张症和精神分裂，但具体效果方面仍需证明。在美容方面，用量20%左右的月见草油被认为可以应用于预防皱纹的配方中。

（7）榛果油［Hazelnut Oil，拉丁学名：*Corylus avellana*，科名：榛木科（Corylaceae）］经常用于油性的皮肤和粉刺治疗，有时和葡萄籽油或另一种基础油，如向日葵油，一起稀释使用，可迅速深入皮肤，刺激循环，有滋养皮肤和轻微的收敛效果。据最新的研究显示，榛果油具有防晒效果，其防晒系数相当于美国FDA所颁布的系数10。目前，榛果油在化妆品工业上，已经被广泛用于制作防晒油、乳液、头发再生液、洗发乳和肥皂等。

（8）荷荷巴油［Jojoba Oil，拉丁学名：*Simmondsia chinensis*，科名：黄杨科（Buxaceae）］可替代石油蜡，对所有类型的皮肤都有益，分子结构类似皮脂，能对青春痘产生疗效。内含有一种抗消炎的肉豆蔻酸，对关节炎和风湿症有帮助。有研究证明荷荷巴油能很好地渗透皮肤，微观图显示该油会聚积在头发根部的毛囊，并透过滤泡壁进入角质层，可以滋润干燥的头皮，也可以缓解牛皮癣、湿疹、尿布疹等皮肤病，也可控制过度的皮脂积累，防止皮脂增生。荷荷巴油除了可以润发，也是许多肥皂和洗发精的成分，在除毛以后使用也可以平衡皮肤的酸性皮脂膜。基于荷荷巴油不油腻的良好润滑特性，美容业会使用氧化后的荷荷巴油来制造乳液、化妆水、肥皂和口红等产品。

（9）橄榄油［Olive Oil，拉丁学名：*Olea europaea*，科名：木犀科（Oleaceae）］在地中海沿岸国家有几千年的历史，是地中海地区最常见的油种，近年来也越来越受中国消费者青睐。橄榄油富含不饱和脂肪酸和多种天然脂溶性维生素，对滋养肌肤十分有利。直接使用橄榄油护肤能防止皮肤皱纹和粗糙。使皮肤恢复自然弹性，光泽而柔嫩，对紫外线有特殊的吸收能力，对日晒和冰冻对皮肤造成的伤害也有修复效果。最新研究表明：橄榄油中所含多酚类化合物具有抗氧化作用，能有效地避免因脂肪氧化而发生的细胞老化所带来的色斑和皱纹等现象。橄榄油易于吸收，用后清爽不腻，是一种纯天然安全可靠的美容佳品，在西方，它也是烹饪用食用油，能降血脂，降胆固醇，预防癌症以及其美容功效，被称为“美女之油”。

因橄榄油具有稳定、缓和和润肤的特性，在美容界可用来制作洗发水、肥皂、染发剂、润肤剂、美发油、抗皱油和睫毛油等多种产品。洗脸后，用橄榄油和盐反复轻轻按摩脸部，可起磨砂和滋润作用，再用蒸脸器或热毛巾敷面，除去毛孔内污垢，增加皮肤光泽和弹性。若将它混合蜂蜜、柠檬汁和蛋黄可调出抗皱面膜。若以柠檬取代蜂蜜，则可做出适于油性皮肤的面膜。将橄榄油、鳄梨油和芝麻油以等比例混合，即可调制出保护皮肤避免受到阳光伤害的防晒产品。洗发后，在湿发上均匀地涂上橄榄油，用热毛巾包裹头发十分钟，使其形成保护膜，可阻挡风吹日晒对头发的伤害，常使用可使头发变得光泽柔顺。秋冬季节皮肤比较干燥，嘴唇易脱皮干裂，这时候涂上适量的橄榄油便会让皮肤恢复健康弹性和光泽。随着美容业天然趋势的逐渐盛行，纯天然橄榄油的应用面也越来越广。

女士化妆时在脸上涂上薄薄一层橄榄油既可营养皮肤，又可防止妆粉脱落。一般人们都用卸妆油这类的产品卸妆，但对于敏感的肤质和皮肤的敏感部位，特别在卸眼妆时，往往需非常小心。用橄榄油来卸妆，先用温水洗脸，然后均匀地涂上橄榄油，用量比上妆更加少，稍加按摩，再用脱脂棉擦净，便可除去覆盖在脸上的化妆品、灰尘以及毛孔污垢。若与面膜使用，效果更佳。也有人用作粉底用油，在搽粉底霜前，用橄榄油薄薄打底然后化妆，可以让彩妆保持到晚上而不脱落。现在也有不少女士用橄榄油取代唇彩，虽然效果不及唇彩持续，但仍可令嘴唇亮出天然光泽。虽然橄榄油少许油腻厚重但可以用来护肤按摩。清洁皮肤之后，均匀地涂上橄榄油，参照美容的手法，轻柔反复地按摩，坚持使用，可改善细小的皱纹，此法适用于全身，能促进微循环，使肌肤光泽红润有弹性。此外，它特殊的气味并非每个芳疗客人以及芳疗师都可以接受，因为它可能会盖过精油的气味。以牛油果油以及小麦胚芽油使用方式为参考——在其他基础油中加入20%的橄榄油，可能是橄榄油最好的使用方式。

（10）葡萄籽油［Grapeseed oil，拉丁学名：*Vitis vinifera*，科名：葡萄科（Vitaceae）］最初产于法国，葡萄产区可生产出大量葡萄，经过酿造和蒸馏后所剩下的葡萄籽，会经过洗涤、干燥和压碎，然后在加热的状态下压榨，萃取出的油可能会经过精炼以增进透明度和味道。葡萄籽中含有的多酚物质是迄今为止所发现的最有效的自由基清除剂之一，其抗氧化能力是维生素E的50倍、维生素C的20倍，可以同时作用于细胞膜。葡萄籽多酚卓越的抗氧化功效表现在抵抗外界环境的侵害，预防皮肤支撑纤维的损伤。葡萄籽油能有效增进皮肤内微循环，从内恢复肌肤的自然光泽；保持肌肤透明质酸含量，帮助肌肤长效保湿；预防和修复细纹。因为葡萄籽油无毒且不油腻，不易造成过敏，它常被用来制作润肤乳液和调配按摩油。

葡萄籽油对皮肤起双重作用，一方面它可促进胶原蛋白形成适度交联，另一方面，它作为一种有效的自由基清除剂，可预防皮肤“过度交联”，从而也就阻止了皮肤皱纹和囊泡的出现，保持皮肤的柔润光滑。在紫外线损害，污浊空气和化妆品等因素影响下，人体肌肤细胞代谢易紊乱导致加速衰老甚至死亡，造成色素沉积，使皮肤灰暗无光泽。葡萄籽油易于皮肤结缔组织吸收，可协助保护皮肤免受紫外线损害，加速皮肤细胞生成，促进细胞新陈代谢，滋养皮肤，减少皮肤病、色斑和皱纹等，使皮肤变得白皙嫩滑。葡萄籽油可使新生细胞及受保护的表皮细胞水分充盈，达到肌肤保湿的效果。此外，痤疮也是人们常见的皮肤问题之一，它是由于肌肤内的脂质堆积和细菌造成的皮肤发炎。炎症反应是由于组胺的存在，组胺是由于机体嗜碱粒细胞和肥大细胞受到自由基攻击后，细胞膜破裂所释放出来的致炎因子。葡萄籽油可清除组胺，使皮肤变得光滑，同时还有愈合疤痕的效果。

三、芳疗中的新兴植物油

随着人们对美好生活向往的需求不断提高，芳香产业已逐渐兴起，精油结合基础油进行调配在芳疗、美容中已逐渐普及，成为美容界的新宠。

（1）沙棘油　在中国西北地区，有一种特色耐寒植物称为沙棘。它原产于亚洲和欧洲，生长在喜马拉雅山脉、俄罗斯和加拿大马尼托巴省周围的大草原上，如今我国已是沙棘属植物分布最广、种类最多的国家。早在2000多年前，沙棘的药用疗效就引起了中医、蒙医和藏医的重视，并在多个经典医著中记录了沙棘的利肺止咳、活血散瘀、消食化滞等功能。后来沙棘作为中药正式被列为《中华人民共和国药典》，并被确立为药食同源植物。21世纪以来，沙棘逐渐成为抗衰老和有机护肤市场的天然解决方案，提供从保湿、消炎和愈合晒伤等多种护肤选择，沙棘的叶片和花朵还被用于安神降压，治疗关节炎、胃肠溃疡、痛风以及麻疹等传染病引起的皮疹。

沙棘强大的功效归功于其丰富的营养物质和多样的生物活性成分。沙棘号称“维生素C

之王”，维生素A含量明显高于鱼肝油，维生素E含量也位列水果之最。值得一提的是，沙棘中含有天然*n*-7脂肪酸——棕榈油酸，该类脂肪酸被视为是继*n*-3和*n*-6之后的下一个风靡全球的营养素，沙棘中含有的*n*-7是牛油果的2倍，澳洲坚果的3倍，鱼油的8倍，这足以凸显它的特殊地位和重要性。沙棘果油便是从沙棘果实中萃取的，沙棘籽油是从种子中萃取的，沙棘油是由沙棘果和沙棘籽一起萃取的。所以沙棘籽油最贵，沙棘果油在这三种油里相对最便宜。沙棘果油一般用作皮肤保养油，能够强化细胞再生功能，修复受损细胞，保护效果极佳，且延缓肌肤衰老，对于一些皮肤的干燥脱皮及敏感肌肤都很好。

（2）摩洛哥坚果油　在北非摩洛哥，盛产一种坚果（*Argania spinosa*）油又称阿甘油，源自英文Argan Oil的音译，是一种功能完美的植物油。摩洛哥坚果一般在每年的七八月份成熟，成熟的坚果自然掉落于地，通过当地的柏柏尔族妇女收集，并通过传统复杂的工序压榨成油。这个过程中最复杂的部分是要把坚果的果肉去掉，并用两块石头夹碎果壳，以取出果仁。在当地，这些步骤仍延续手工作坊式的操作，果仁冷压出来的就是阿甘油。阿甘油含有丰富的维生素E和脂肪酸，既可以食用，也是一种美容护肤品，欧美国家每年都从摩洛哥进口大量的阿甘油，现已在世界范围内被公认为“液体黄金”，并成为一种可靠的纯天然护肤品。

阿甘油所含脂肪酸可滋润皮肤细胞，防止水分流失，在抗炎，减少粉刺和保湿功能上有明显效果，其丰富的维生素E和多酚也是使肌肤保持年轻的关键。此外，植物甾醇可帮助软化皮肤，刺激毛孔排毒，恢复天然脂质屏障。角鲨烯也被证实对皮肤冻疮伤口、皮肤开裂愈合、暗疮和疤痕修复具有良好效果。总体来说，阿甘油可以帮助身体抵御外在环境的刺激因子，它能对抗大气中阳光有害照射，也能搭配椰子油使用帮助神经性皮炎患者，润滑并缓解由于角质层失调所造成的皮肤干燥、发炎、发痒刺激的现象，增强皮肤的免疫系统，对于

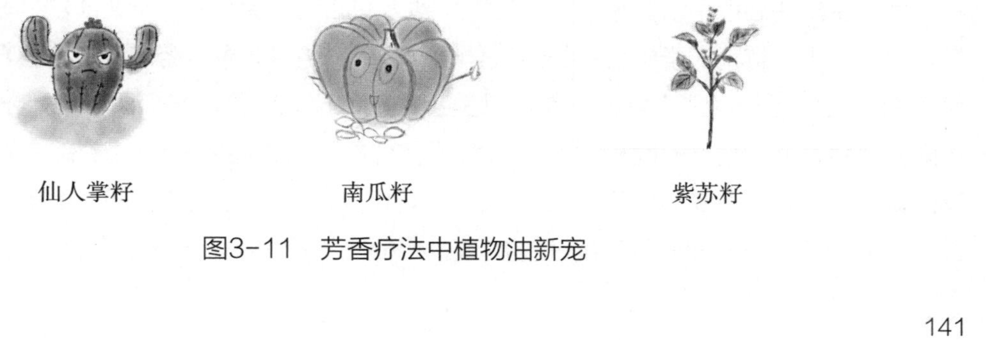

图3-11　芳香疗法中植物油新宠

牛皮癣的防治也有很好的辅助效果。阿甘油中除了有益脂肪酸外，还含有两倍于橄榄油的维生素E，以及甾醇、多酚和角鲨烯等多种天然活性伴随物成分，对皮肤和头发都有着出色的保养功效。

（3）仙人掌籽油 在摩洛哥南部还有另外一种仙人掌籽油，又称仙人掌果籽油，近年来也成为新宠。它天然温和，各种肤质和各个年龄层的人群均可使用，对消除面部细纹、色斑、妊娠纹、疤痕及痤疮、丘疹都有明显功效。仙人掌籽油丰富的营养成分能促进细胞再生，修复胶原蛋白和弹性纤维，当地医师用含有该油的祖传秘方，发现它能很好地重组皮肤组织，消除病人的疤痕。这个油非常适合做眼部保养油，可以直接配精油使用，吸收快，清透。但这种油产能极低，榨取1L油需消耗1t仙人掌果，导致生产成本较高，产品价格较贵。虽然仙人掌籽油产量低，成本高，但它已成为继摩洛哥坚果油后备受人们青睐的一种新兴全效基础油。

（4）猴面包树油 在非洲干旱地区，还有一种名副其实的长寿树，因猴子喜食其果实而得名——猴面包树。从猴面包树的果实中压榨出的不是精油，本地人将猴面包树果做成果汁饮用，而从其果实种子中榨取出来的油脂却是不可多得的肌肤护理上品。猴面包树油富含益于肌肤健康的维生素成分，还含有饱和脂肪酸33%，单不饱和脂肪酸36%和多不饱和脂肪酸31%，几乎覆盖了*n*-3、*n*-6、*n*-9脂肪酸，可以用于舒缓湿疹、牛皮癣以及烫伤止痛。猴面包树油作为基础油，可以直接涂在皮肤上，因其滋养成分丰富，一般都以小比例混合在其他的基础油中使用。

非洲猴面包树是非洲大陆上最容易辨认的树木之一，这些树会长出白色的花朵，在夜间由蝙蝠授粉，然后长成坚硬的椰子状壳，这些壳的种子压榨出的油中富含各种养肤成分，经常被添加到高端护肤品中。其中含有的脂肪酸高度滋润皮肤，软化角质层，同时具有安抚皮肤的功效。维生素A和脂肪酸具有刺激细胞组织更新和再生的功效，维生素E能有效对抗衰老。经常使用猴面包树油，可以有效地改善肤色。对于开始失去弹性的年轻皮肤，是很好的选择。对于闭合性痘，肌肤干燥瘙痒等情况，猴面包树油均有很明显的改善效果。

（5）紫苏籽油 紫苏是国家卫生部首批颁布的药食两用植物之一，其成熟种子中获得的紫苏籽油是一种高不饱和度的天然植物油，所含主要成分为α-亚麻酸，含量高达67%左右，是目前所发现的所有天然植物油中这种脂肪酸含量最高的。紫苏籽油分为生榨和熟榨两种类型：生榨油油色呈淡黄色，味道芳香；熟榨油油色呈棕红色，味道淡雅。紫苏籽油适合各年龄层食用，特别对于中老年群体与女性群体有着明显效果。老年人吃紫苏籽油可以增强免疫力，防衰老；女性吃紫苏籽油可以美容养颜，控制体重。长期服用紫苏籽油对降低胆固醇，降低血脂，防止动脉粥样硬化，降低脑血栓和心血管疾病的发生有持久作用。α-亚麻酸摄入人体后在酶的作用下可以在人体内转化成二十碳五烯酸（EPA）和二十二碳六烯酸（DHA），它们是深海鱼油的主要成分，但相比深海鱼油，紫苏籽油不含胆固醇，EPA

和DHA具有降血脂，提高记忆力，保护视力，增强智力和提高婴儿大脑发育和脑神经功能的作用。

（6）南瓜籽油　南瓜籽油是以优质南瓜籽仁为原料，以传统压榨工艺精制而成，充分保留南瓜籽仁的营养精华，其营养价值与橄榄油不相上下，因而深受欧美人的青睐。南瓜籽油富含不饱和脂肪酸、维生素、植物甾醇和矿物质等多种活性物质，尤其是锌、镁、钙、磷含量极高。其滋润性在皮肤上适合做按摩油或油浴。另外，南瓜籽油中还含有南瓜素等生物活性成分，能够辅助消除前列腺炎的初期肿胀，对泌尿系及前列腺增生具有良好的抑制和预防作用。其实，南瓜籽油不止对男性，对产后缺乳、百日咳等女性和婴儿相关问题也具有特殊效果，并且可以提振情绪，给人们带来快乐的感觉。有研究显示，南瓜籽油可让头发变得强韧，使肌肤焕发光彩，提振情绪，提升记忆力，甚至减缓更年期症状。

以上特种植物油均适用于所有肤质，当然，在美容界还有许多其他的植物油，如玫瑰果油、乳木果油、蓖麻油、山茶油和琼崖海棠油等，它们均可搭配精油用于护发和护肤。

四、自制植物浸泡油

植物浸泡油相对于单纯的基础油而言，具有更复杂的特性。一般而言，将干燥的不同芳香植物加入基础油中，放置于大型玻璃容器里充分浸泡，在充足的阳光暴晒下，经过多次倒置混匀和过滤后，芳香植物中的精油成分和其他脂溶性物质，比如说微量吸收的脂溶性维生素、蜡质，以及其他具有生物活性的化学成分，就会释放出来溶入基础油当中，让油脂有更多效用。这种萃取过程缓慢，往往需要几周甚至更长的时间，但很多芳香植物本身很难通过蒸馏法萃取精油，而通过这种原始的浸泡法，能产生出较为经济、实用，而且效果显著的增强版基础油。

如何制备植物浸泡油？除了用于规模生产的工业萃取法，家中自制主要采用日光萃取法获得。浸泡油常用的基础油通常选用抗氧化性比较强的植物油，如橄榄油、葵花籽油，葡萄籽油更清爽，当然也可以选用比较贵的荷荷巴油或摩洛哥坚果油。浸泡时先在大型玻璃容器里，植物一般放到瓶子的1/3处为宜，基础油要完全浸过花草，然后倒置于阳光充足的地方，让光与热帮助植物活性成分充分释放出来。植物原料越多，浸泡所需要的时间也越长，浸泡油的浓度也越高，具体比例可以根据需要来把握。跟精油萃取不同，浸泡油建议选择干燥的花草，因为基础油中含有水分容易引起氧化使稳定期缩短。另外，装基础油的容器也需要完全干燥，可密封的干净玻璃瓶最适合，可将罐头瓶之类的广口瓶用沸水消毒后烘干使用。

浸泡的瓶子要在白天放置在阳光充足的地方，如果是寒冷地区，夜晚需要收到较温暖的地方保存。等到被浸泡的植物变成深褐色，就表示可利用的成分不多了。不过，为了最大限度地萃取出植物花草的有效成分，还是需要经常的翻转瓶子，定期更换基础油。浸泡好的油，在密封后能避光保存达数月之久，但通常建议3个月内用完，最新鲜、功效和香味也都比较完整。

相对精油而言，香气肯定没有那么浓郁，但营养成分会更多，也更经济实惠。这些油可以代替一些基础油用来做手工冷制皂、膏霜、按摩油、护肤，品质可靠的也可以用来烘焙或烹调。

植物浸泡油的制作原理和泡酒相同，萃取过程缓慢的需要几周甚至更长的时间。浸泡油中含有精油成分，是古代人们普遍使用的药材或身体护理产品。对芳疗师来说，制作简单，使用方便，具有很高的性价比和实用性。一些花类的浸泡油，均有很好的护肤美容效果。例如：玫瑰浸泡油颜色变化小，但香味变化明显，具有活血化瘀、美白、补水、抗过敏、预防肌肤老化、保湿、滋润、抗皱等功效；桂花浸泡油具有镇定、抗菌和消除暗疮等功效，但泡久了香味会消失，一般泡一个月时香味最佳；桃花浸泡油含有多种维生素，具有滋养肌肤，消除黄褐斑、黑斑和雀斑，改善血液循环和色素沉淀等功效；姜浸泡油具有治疗脱发，改善关节疼痛、风湿和腰痛等功效；薰衣草浸泡油具有消炎、杀菌、抗氧化、稳定细胞膜和保护角质层等功效；迷迭香浸泡油具有抗感染、抗氧化、抗病毒细菌和促进毛发生长等功效；紫草浸泡油与前文提到的金盏花浸泡油一样知名，具有很好的消炎功效，也是制作紫草软膏的重要原料；圣约翰草浸泡油具有舒缓疼痛、抑制发炎、促进血液流通、稳定神经的功效，但使用后要避免暴晒；积雪草浸泡油具有消炎抗氧化，紧实组织、促进皮肤骨胶原的合成、促进细胞再生，促进伤口愈合的功效。此外，还有当归浸泡油、玫瑰果浸泡油等，均可根据它们的功效进行合理搭配。

以上所有的植物油，含有饱和脂肪酸比较多的油常温下是固态，这类油比较好保存，比如说乳木果油等。含有不饱和脂肪酸多的油在常温下是液态，这类油相对于前者来说比较不好保存。在这些常温下是液态的植物油中，又分为含单不饱和脂肪酸比较多的油和含多不饱和脂肪酸比较多的油，那相对来说那些含有多不饱和脂肪酸比较多的油最难保存，这类油大多数可放在冰箱里保存。

五、小结

天然植物油、植物浸泡油以及与精油的搭配使用已逐渐流行于美容界；单方精油需要通过天然植物油稀释后方可使用，根据实际需要可选择不同的油和比例进行调配；植物基础油和浸泡油的种类很多，可综合功效、成本等因素自行调配，最后达到满意效果。

思考题

（一）判断题

1. 精油只能用纯天然植物油进行稀释。（　）
2. 精油调配需要专业芳疗师才能进行。（　）
3. 植物油在精油稀释中并无其他功效作用。（　）
4. 特种植物油可取代传统植物油用于芳香疗法中。（　）

5. 植物浸泡油需要长时间阳光照射。( )

6. 大部分浸泡油具有很好的护肤美容功效。( )

(二)选择题

1. 芳香疗法中常用的植物基础油不包括( )。

A. 荷荷巴油　B. 牛油果油　C. 甜杏仁油　D. 摩洛哥坚果油

2. 以下哪种植物油不具有防晒效果?( )

A. 牛油果油　B. 椰子油　C. 橄榄油　D. 榛果油

3. 以下哪种植物油不具有皮肤修复效果?( )

A. 金盏菊浸泡油　B. 月见草油　C. 甜杏仁油　D. 牛油果油

4. 以下哪一种特种植物油属于中国特有?( )

A. 沙棘油　B. 摩洛哥坚果油　C. 仙人掌籽油　D. 猴面包树油

5. 以下哪项不符合植物浸泡油制作要求?( )

A. 植物完全浸泡　B. 多次倒置混匀　C. 定期更换基础油　D. 选择新鲜物料

6. 以下哪种植物油在常温下不是固态?( )

A. 椰子油　B. 乳木果油　C. 荷荷巴油　D. 月桂油

(三)植物浸泡油自制试验

“痘痘肌”是一直困扰人们的皮肤问题之一,根据本章内容,尝试制作一款植物浸泡油,并与精油搭配设计一款祛痘配方。

第四章

油与环境

随着人口增加，经济飞速发展，对食用油的需求和消费大幅增加，但也伴随着更多废弃油脂和生活垃圾产生。这些废弃油脂如何进行利用，生活垃圾如何变废为宝？本章分为四个板块介绍。第一节主要介绍地沟油的来源，有毒物质的生成和富集过程以及危害，地沟油的鉴别方法等；第二节介绍柴油和柴油机的发展史，生物柴油的工业制备和家庭制作，以及使用生物柴油对环境的益处；第三节介绍人类使用润滑油的历史和现代发展，润滑油的功能和性能以及现阶段生物润滑油的研究进展；第四节介绍了昆虫饲养作为一种新型的生物精炼方式，把无法直接利用的餐厨垃圾转化成高蛋白饲料和优质的油脂原料。通过本章的介绍，可以进一步了解生活中不可食用的油脂及其危害，以及如何通过有效的收集和转化，塑造美好环境。

第一节　地沟油的危害与辨别

一、地沟油的危害

2020年我国食用植物油消费量3000多万t，约占全球植物油脂消费量的1/6，其中超过10%转化为废弃油脂，总量有400多万t。生活中废弃油脂的来源一般包括：①过度使用的复炸油，如快餐厅的煎炸用油；②劣质猪肉猪皮加工的油，由屠宰场中废弃的猪肉非法加工获得的猪油；③剩饭剩菜提炼的泔油，即餐馆的剩饭剩菜（通称泔水）加工而成；④地沟、臭水沟里捞出的油如厨房直接排放到下水道的废油，经隔油池积累的油脂等。这些废弃油脂如果得不到有效处理和利用，很有可能被非法加工成食用油来销售，也就是人们通常说的地沟油。

（一）地沟油中的有害物质

以废弃油脂非法加工制成的食用油含有大量有害物质，主要有两个来源：一是食用油脂在高温烹调过程中的氧化、水解、聚合等反应；二是废弃油脂排放后来自环境的污染。具体包括以下几类物质。

1．游离脂肪酸和过氧化物超标

在生产地沟油时，很多微生物及残渣难以彻底清除，长时间存放就会促进油脂氧化，生成低分子酸、酮、醛，最终导致油脂终氧化和酸败。过氧化脂质进入人体后，极易袭击细胞膜和酶并引发连锁反应，产生自由基等对人体有害的物质，可以破坏人体细胞膜和血清抗蛋白酶，对基因造成损伤，诱发癌症、动脉粥样硬化、细胞的衰老等。通过理化方法的检测，地沟油的酸值（即游离脂肪酸的含量），为合格食用油的5～50倍，而过氧化值为食用油的4～8倍。

2．溶剂残留量超标

由于地沟油在加工过程中，加入了大量的有机溶剂，不易去除，造成残留的溶剂超标。一旦人们长期食用，该类物质在人体中的积累会刺激和麻痹神经中枢，尤其是其中含有的甲苯，甚至会引发白血病。

3．黄曲霉毒素B1超标

餐馆下水道、泔水等湿热环境中黄曲霉滋生，由于黄曲霉毒素的极性较小，容易在油层被富集，且后续的非法加工工序中无法去除，最终导致地沟油中黄曲霉毒素严重超标。根据相关资料显示，黄曲霉毒素是Ⅰ类致癌物质，长期低剂量摄入黄曲霉素可导致胃、肾、乳腺、卵巢、小肠等部位的肿瘤，还可能引发肝癌甚至死亡。据报道，地沟油中黄曲霉毒素B1含量可以达到国家限定标准的10～15倍以上（表4-1）。

表4-1　不同来源废弃油脂油中有毒物质的浓度　　单位：μg/L

目标物	食用油	泔水油	餐厨废油	下水道漂浮物	煎炸老油
黄曲霉毒素B1	—	309.1	423.2	212.5	462.3
苯并芘	—	267.4	392.5	198.5	402.6

4．苯并芘超标

苯并芘是一种由5个苯环构成的多环芳香烃物质，在常温下是浅黄色晶状固体，熔点（179℃）、沸点（312℃）都很高，易溶于有机溶剂，难溶于水，在酸性条件下易发生化学变化，在碱性条件下性质稳定。油脂在高温加热、燃烧不完全的情况下容易产生苯并芘，尤其在煎炸过程中，温度高于270℃时，可以产生大量的苯并芘。由于其性质较为稳定且极性较小，在地沟油加工的过程中很难去除。苯并芘具有致癌、致畸和致突变性。一般情况下，经过非法处理的地沟油，苯并芘含量都高达国家标准限定值的5倍以上。

5．重金属污染物含量超标

因生产制作地沟油的流程简陋、生产环境恶劣、储运条件差（例如使用燃料运输用储油罐）等，导致地沟油的铅、汞、镉等重金属含量远远超过食品安全国家标准。长期摄入重金属超标的食用油，会导致重金属中毒。此外，由于地沟油的下水道中和脱色脱臭过程中都会接触大量的水和清洁剂，金属离子如钠、钾等离子的存在会大幅增加其电导率。地沟油的电导率为普通食用油的5～10倍。

（二）废弃油脂对环境的不良影响

餐饮业废水中的油易凝结于城市排水管壁，黏附杂物，形成垢层，冬季更甚，难以清除，降低了管道流量，甚至堵死管道。当净水被废油污染时，化学耗氧量值（COD）和生物耗氧量值（BOD）升高。油膜阻止氧气溶于水中，导致水缺氧而恶臭，水质恶化，危害水资源，严重影响水产品质量；排放到土壤中的油破坏土壤结构，油脂附着在植物的根部，影响植物对营养物质的吸收，导致农作物产量减少甚至死亡，其中所含的重金属被农作物吸收，最终也会危害人类健康；含油污水若渗透到地下，也可能影响地下水水质。因此，地沟油的回收利用是城市污染治理的一项重要工作。此外，废弃油脂提炼生产地沟油过程中伴随有醛、酸等恶臭物质产生，这些恶臭物质散发在空气中，影响周边环境。

二、地沟油的辨别

（一）大部分地沟油成品不符合国家食品安全标准

GB 2716—2018《国家食品安全标准　植物油》明确规定食用油的酸值、过氧化值、溶剂残留量必须分别低于3mg KOH/g，0.25g/100g和20mg/kg。国家标准还对植物油的污染物限量和真菌毒素限量也进行了明确的规定。其中污染物中重金属如铅、镍等的规定均为mg/kg水平的限量，同时对地沟油带有的油脂氧化产物苯并芘的含量有着更为严格的规定，为10μg/kg以下。对于真菌毒素来说，植物油中黄曲霉毒素含量应该低于10μg/kg，花生油应低于20μg/kg。可以看出，大部分的地沟油都不符合食品安全国家标准。但是，总有不法分子尝试寻找法律法规的漏洞，用更新的工艺来非法加工地沟油，随着社会的不断进步，国家食品安全标准也在不断更新，让我们吃到的油脂更加安全健康，相信在未来随着标准的日益严格，复杂高昂的加工成本会让不法分子觉得无利可图。

（二）除国家标准外，辨别地沟油的方法

若非法加工者将地沟油与食用油勾兑稀释，国标规定的检测方法很难有效检出地沟油中上述的有害物质，无法阻止地沟油进入市场。还有什么方法能够辨别地沟油呢？天然动、植物食用油有着相对稳定的脂肪酸组成和油脂伴随物。地沟油则通常是来源复杂的混合油，烹饪废弃油脂中常常有来自食物、调味品、洗洁精等的残留成分，通过对一些特征成分的检测可以帮助鉴别地沟油。常见的特征性成分主要有几种：①掺入植物油中的动物性脂肪，动物油一般含胆固醇，如果植物油中检出胆固醇则说明油脂中混有动物油，这种情况在天然植物油产品中是不会出现的；②挥发性的油脂氧化物，地沟油往往是氧化程度很高的油脂，容易残留挥发性的氧化产物；③金属离子（如洗洁精中的钠、钾等离子）。以下列出针对上述特征性成分的分析案例：

（1）动物性脂肪可以通过低场核磁共振法进行检测　有研究认为因为混入大量动物脂肪，废弃油脂内部饱和脂肪酸增多，熔点变高。同时，在精炼的过程中，内部不稳定成分被破坏，稳定成分逐渐增多，废油脂熔点也随之增高。因此，在一定温度下，地沟油的固体脂肪含量（SFC）会比合格食用植物油高。地沟油在10℃和0℃下的SFC表明在固体脂肪含量上，餐饮业废弃油远远大于食用油。在一定条件下，0℃时固体脂肪含量为0的食用油（如冬化油），只要掺入了1%以上的精炼地沟油，就可以检测出来。

（2）胆固醇类的特征性成分可以通过色谱手段进行分析　地沟油是多种动、植物油脂的混合物，动物脂肪中几乎都含有胆固醇，而在植物油中则只存在结构上与其十分相似的植物甾醇。将油样经皂化后，胆固醇和甾醇作为不皂化物被提取出来，再采用极性毛细管色谱柱，可将胆固醇和植物甾醇完全分离。通过制作胆固醇含量标准曲线，测定地沟油中胆固醇含量，来定性分析废油脂是否掺入了动物来源的食用油。

（3）地沟油中所含有的挥发性氧化组分　有研究发现，纯正花生油中的挥发性成分只有极少量醛类的风味物质，而在地沟油中则可以检测到16种挥发性有害物质，其中一种为己醛，是油脂变质的一种二级产物，可作为鉴别地沟油的一个重要指标；另外15种为脂肪烃类的物质。

（4）金属离子方面　由于十二烷基苯磺酸钠是洗洁精的主要成分，地沟油因混入餐具洗涤水而含有这种成分。在检测中发现地沟油在十二烷基苯磺酸钠的特征信号。而合格食用油在此波长处无波峰产生；通过原子吸收分光光度法测定地沟油中钠的含量，与合格食用油有明显不同。通过火焰原子吸收法测定地沟油中铜和锌的含量，并与合格食用油进行比对，进而鉴别地沟油。

此外，由于食用油在进行烹饪时，溶解了食物中的一些成分，如色素、调料、食物中的类脂化合物等，会使得紫外可见吸收光谱同合格食用油相比有比较大的区别，在可见光区吸收系数变大，透光性变差。

（三）在家辨别地沟油

网络上流传着不少家庭辨别地沟油的方法（图4-1），总结有以下几种：①蒜头法：由于蒜头对黄曲霉毒素很敏感，在油中加入蒜头浸泡后，如果变红即为地沟油；②冷冻法：由于地沟油的掺入了易凝结的动物油脂，如果经过冷冻可以发现絮状物，则证明是地沟油；③入锅煎炸法：将油倒入油锅加热，如果出现大量气泡则证明油里含有大量易被氧化的物质，即为地沟油；④手掌摩擦法：把油滴于手掌后使劲揉搓，如果闻到刺激性气味，则证明是地沟油。可是这些方法真的能帮助我们辨别地沟油吗？

化学上的“显色反应”，是指通过化学反应过程中颜色的变化来判断一个化合物的存在，但是，用大蒜头颜色的变化来判断地沟油的存在则是一个未被科学证明的有效方法。目前没有证据表明，大蒜所特有的物质如大蒜素、大蒜多糖等，会与黄曲霉素的相互作用会引起显色反应；动物油脂确实可以经过冷藏完全凝固，也就是说，新鲜的猪油同样

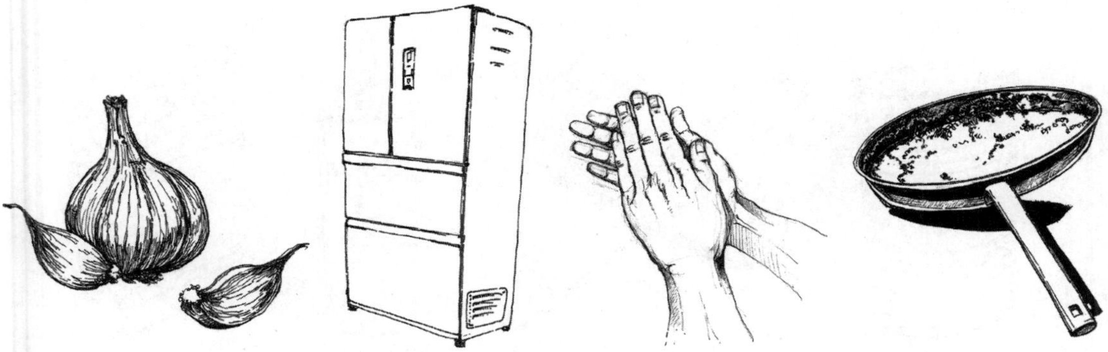

图4-1　四种民间地沟油鉴定法

也会产生凝固，同时作为中国主要的食用油，棕榈油也有着很高的熔点，进冰箱一样能被冻住；通过气泡和气味进行辨别，主要是从地沟油存在的挥发性物质的角度下手，然而，这些物质在精炼的过程中有可能大部分被除去。可见这些民间方法并不能有效辨别地沟油。

三、地沟油的资源化利用

地沟油的主要化学成分是高级脂肪酸甘油酯，目前所使用的方法是将地沟油在一定条件下催化后分解为高级脂肪酸和甘油，再经过深度加工资源化制成洗衣粉、生物柴油、甘油等多种产品。地沟油大致有以下几种再生利用技术（图4-2，图4-3）。

（1）地沟油制备生物柴油等工业用油　在催化剂的作用下，地沟油油脂和乙醇或甲醇等醇类物质发生反应，生成脂肪酸酯。其作用机理是：生物柴油是高级脂肪酸的甲醇酯，经过酯交换反应，使用甲醇将地沟油甘油三酯里面的甘油取代出来，将1个甘油三酯分子变成3个长链脂肪酸甲酯，即大分子的油断裂成几个小分子的酯，反应物分子质量降低，油脂的流动性提高，生成符合国家标准的生物柴油。

（2）地沟油制取皂液和洗衣粉　地沟油的甘油三酯，与氢氧化钠反应沉淀出皂，再加入碳酸钠、盐、芒硝、水玻璃和滑石粉，干燥、压榨、粉碎制成。因此，地沟油在日化用品领域另辟了一条捷径。将地沟油进行脱色、吸附、皂化、烘干、研磨后制成了皂类物质，可以作为生产洗衣粉

图4-2　餐厨废弃油脂回收

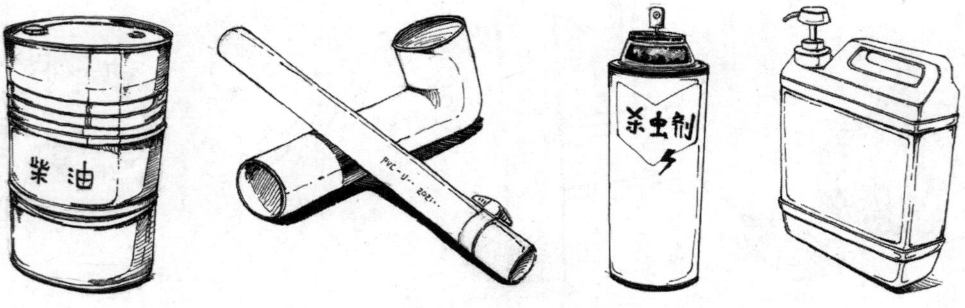

图4-3　各种地沟油资源化产品

的原料。研究结果表明，地沟油脱色制成的皂类物质配成的洗衣粉具有去污能力强，泡沫小，易漂洗等优点。

（3）地沟油在复合改性剂方面的应用 地沟油通过高分子化学的工艺，可以制作出不同的产品：如利用地沟油与废旧橡胶粉改性沥青，可以改善原基质沥青性能，能结合地沟油和橡胶单一改性沥青的优点，克服单一改性沥青存在的不足，可明显改善复合改性沥青的高温稳定性和低温抗裂性；以地沟油为主要原料，通过酯交换、环氧化和开环等常用的化学反应制备出性能优良的聚氯乙烯（PVC）增塑剂；对地沟油甲酯进行结构改性，可以取代有毒邻苯二甲酸二辛酯，制备出清洁型增塑剂。

（4）地沟油在农业方面的应用 以预处理后的地沟油粗制品为原料，通过与乙醇进行连续催化酯化酯交换反应，将脂肪酸甘油酯转化为脂肪酸乙酯；将脂肪酸乙酯、乳化剂和增效剂混合，搅拌均匀后即得农药乳油制剂——一种绿色低毒的灭虫剂。

（5）用地沟油生产甘油 地沟油制备生物柴油的工艺较成熟，其利用价值已昭然，现阶段，降低生产成本是推进市场化的关键，途径之一是充分利用生物柴油生产过程中的副产品甘油，生产1t生物柴油约可副产100kg甘油。通过草酸钠络合分离方法对副产品甘油的精制表明，经过深加工后副产品甘油完全可用于制作化妆品、化工原料及医药用品。

四、小结

我国每年产生大量废弃油脂，不仅污染环境，这些废弃油脂如果不加以回收处理，容易被非法加工成地沟油进行销售。遗憾的是目前没有简单的在家就可以辨别“地沟油”的有效方法。综上，废弃油脂加工而成的地沟油，需要依赖多种复杂的仪器分析手段才能辨别。

思考题

（一）判断题

1. 现在市面上的非法地沟油只经过过滤沉淀处理。（　）
2. 地沟油及餐厨废弃油脂可以通过直接排放处理。（　）
3. 地沟油中的有害物质分为内源性物质和外源性物质。（　）
4. 大蒜可以与黄曲霉毒素反应产生红色。（　）
5. 地沟油可以通过冷冻辨别出来。（　）
6. 如果一个植物油发现了胆固醇，可以初步判定勾兑了动物油。（　）

（二）选择题

1．以下哪一个不是地沟油中对人体有害的有毒物质？（　　）

A. 苯并芘　　B. 过氧化物

C. 小分子醛、酮　　D. 不饱和脂肪酸

2．以下哪一个不属于地沟油的范畴？（　）

A. 毛油　　B. 废弃煎炸油

C. 屠宰场中的废弃猪油　　D. 餐馆隔油池中的油膏

3．以下哪一个不是地沟油变质的原因？（　　）

A. 下水道细菌污染　　B. 甘油三酯的严重氧化

C. 重金属污染　　D. 冷冻

4．以下哪一个方法可以鉴别地沟油是否有重金属污染？（　　）

A. 冷冻法　　B. 手掌摩擦法

C. 电导率测定法　　D. 煎炸法

5．以下哪一种有毒物质是地沟油的外源性有毒物质？（　　）

A. 重金属　　B. 苯并芘

C. 小分子醛酮类物质　　D. 胆固醇

6．地沟油中的黄曲霉毒素通过下列哪一个方法可以测定？（　　）

A. 手掌摩擦法　　B. 电子鼻

C. 电导率测定法　　D. 植物油国家食品安全标准

（三）地沟油辨别试验

根据本节知识内容，收集一些自家使用过的废弃油脂如煎炸废油对比新鲜市售桶装食用油，使用网络上的方法进行地沟油辨别试验，探究其是否能辨别出废弃油脂。

第二节　生物柴油

一、柴油和柴油机的发展

（一）柴油机的发明

柴油机的发明要追溯到欧洲的工业革命时期。当时工业的主要动力以蒸汽为主，还有

一些使用天然气和汽油的燃气引擎。当时蒸汽机的热效率仅有10%左右。它们有着共同的弱点：结构复杂、操作烦琐，都不能算是现代意义上的内燃机。例如，蒸汽机需要一个独立的燃烧室，工人需要持续将煤块加入到锅炉中，烧水驱动机器前进。19世纪发展工业时，燃料来源少，用于生产的动力成本高。为了解决这一问题，科学家鲁道夫·迪赛尔（Rudolph Diesel）制作了以食用油为燃料的、效率更高、结构更合理的引擎，在1983年研发出来第一台实用性的柴油机（图4-4）。当时所使用的是四冲程循环，将空气和花生油喷射进气缸，通过惯性活塞对其进行压缩，当温度达到花生油的闪点以上后，燃料点燃（压燃）并推动活塞对外做功，最后通过活塞的循环将废气排出气缸外。

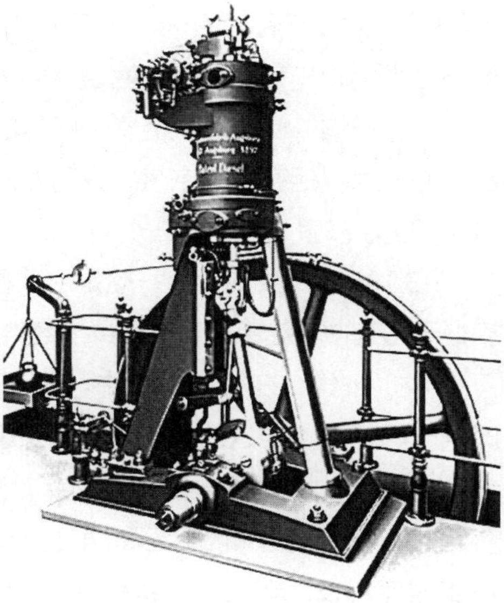

图4-4　第一台实用性柴油机

（二）柴油机的工作原理

柴油机作为一种内燃机，最显著的特点是燃料是通过活塞压缩压燃的。柴油发动机先是吸进新鲜空气后，活塞返程压缩空气，使气缸内的空气温度高于燃料的燃点后，将雾化的柴油燃料注入燃烧室后自燃，推动活塞对外做功。

图4-5是柴油机的四冲程工作原理，具体如下。

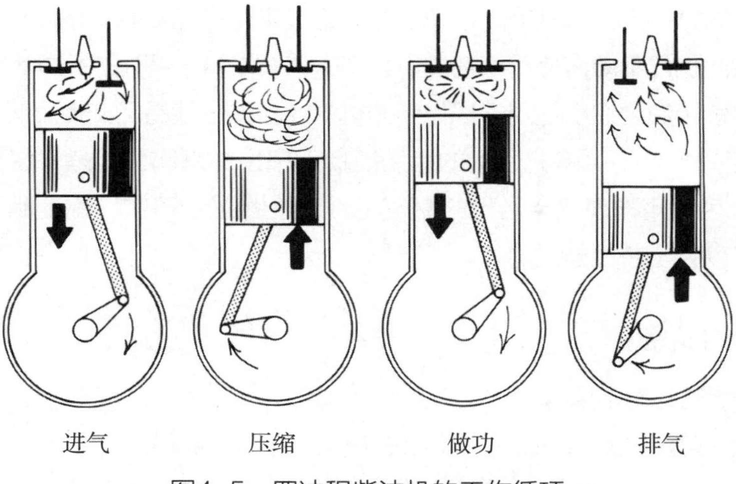

图4-5　四冲程柴油机的工作循环

（1）进气　活塞的这一冲程从气缸顶部开始，活动到活塞行程的底部结束。在这个冲程中，进气阀打开，同时活塞通过向下运动产生真空压力将空气吸入气缸。

（2）压缩　此冲程从活塞的行程的底部开始，通过曲轴旋转，活塞到达行程的最顶端。在此冲程中，活塞压缩空气，为动力冲程中的点火做准备。在这个阶段，进气阀和排气阀都是关闭的。

（3）做功　又称点火。这是四冲程循环第二圈的开始。此时曲轴已经旋转了一圈。当活塞处于压缩冲程结束时，注入柴油燃料使其在高温下点燃，气体膨胀迫使活塞对外做功；

（4）排气　在排气冲程中，由于曲轴和惯性的作用，活塞再次从底部旋转到顶部，此时排气阀打开，通过活塞的活动，将废气－燃料混合物通过排气阀排出。

由于柴油的低挥发性和高闪点，其安全性高于汽油机，1910年以后，被逐渐用于潜艇和船舶，随后，开始应用于机车、卡车、重型设备和发电站。在20世纪30年代，它们开始逐步被使用在汽车上。尽管柴油机的理论效率为75%，研究者认为柴油机的有效效率将在43.2%～50.4%，甚至可能更高。现代乘用车柴油机的有效效率可能高达43%，而大型柴油卡车和公共汽车的发动机可以达到45%左右的有效效率。

（三）柴油机燃料的演变

1913年人们发现在原油中可以提炼出不同的产品，包括我们今天所知的“柴油”。提炼原油可以获得燃烧性能比植物油更好的石化柴油。由于石化柴油的来源广、纯度高、稳定性更好（不容易氧化酸败），石化燃料便很快代替食用油用于柴油机。为了更好地利用石化燃料，柴油机不断被改进（如涡轮增压以及柴油直喷技术），性能也大大提高，热效率大幅提高。因此，性能稍逊的植物油燃料除了在石化柴油高价和短缺时期外，几乎没有受到关注。然而，经历过20世纪70年代的石油危机后，由于石化来源燃料供应的不稳定性，人们重新对使用植物油作为燃料产生了兴趣。不幸的是，经过半个世纪发展，柴油机结构和技术的改变，使得现代柴油机已不能再使用植物油燃料了。为解决这一问题，化学家们发现，有个化学反应可以利用食用油制造出适用于现代柴油机的燃料，这就是酯交换反应。通过加入甲醇（乙醇），在一定的条件下，将分子上的脂肪链拆下来生成脂肪酸醇酯，将副产物甘油除掉后，稍作纯化就可以用作现代柴油机的燃料了。通过近20年研究，都证明了这种方法制造出来的分子是可以完全替代柴油的。

二、生物柴油的制备

（一）生物柴油的制备原料

生物柴油可由藻类油、动物油、植物油和微生物油等多种原料生产，原料选择是生物柴油生产的关键环节，会影响生物柴油生产的成本、收率、组成和纯度等。生物柴油的生产原料可以根据其可用性和来源类型（可食用、不可食用或废弃物）进行筛选。最常用的食用油有葵花籽油、大豆油、菜籽油、花生油等；非食用来源包括麻疯树油、蓖麻油、橡胶种子油等；废料和其他原料包括羊油、肉鸡废油、藻油、废食用油、微生物油、废鱼油等。食用油具有产量大、来源广等优势，但是食用油相比其他来源的油脂价格也较高。使用非食用油生产生物柴油的主要缺点是品质不高，同时多为高饱和度的脂肪，造成生产成本上升，产品黏性高等问题。

美国使用的原材料是大豆油。2009年，生产量占世界生物柴油的17.7%。除此之外，美国还研究出高油含量的“工程微藻”作为原料来合成生物柴油，拓宽了制备生物柴油的原料。

欧洲是目前最主要的生物柴油生产地，也是使用生物柴油最多的地区。欧洲主要选用的是菜籽油，其次用大豆油和葵花籽油。欧盟2002年所生产的生物柴油总量达到106.5万t，2004年产量提高到224.6万t，2020年生物柴油占据市场份额的20%。

印度40%以上的食用油需要依靠进口，因此使用非食用油类制造生物柴油。1998年联合国《生物多样性公约》中明确提出“麻疯树油可以作为极好的柴油替代品”，麻疯树及麻疯树油具备多种优良特性，目前已经在多个国家大力推广，印度政府已经大力推广在铁路沿线种植麻疯树，并与石油公司合作生产麻风树生物柴油。

近年来，东南亚地区的生物柴油产业发展也非常迅速。棕榈油是东南亚地区极其丰富的自然资源，棕榈油是这些地区生产生物柴油的主要原料。

我国是拥有14亿人口的国家，有限的精炼食用油必须首先满足消费者的需求，而废弃食用油一旦没有采用合理的方式处理，将被排放并造成环境污染。在我国废弃食用油一年就有400多万t，因此餐厨废弃用油是非常适合我国国情的生物柴油原料。随着新能源交通工具的发展，电动机正在逐步替代内燃机，电能将成为国内小型汽车的主要能源。现阶段国内利用地沟油生产的生物柴油，更多被出口到欧洲等地。

（二）生物柴油的常规制备方法

生物柴油的制备的化学反应大多数是基于以下两个反应。

1．酯交换反应

常见的植物油或动物脂肪是饱和和不饱和单羧酸与甘油酯化后的酯类，这些酯称为甘油三酯，在催化剂的作用下可与醇（一般为甲醇、乙醇）反应，这一过程称为酯交换。反应式见图4-6。

其中R_1、R_2、R_3为长链碳氢化合物，我们称为脂肪酸链。这个反应实际上分为三步，甘油三酯逐步转化为甘油二酯、单甘酯，最后转化为甘油，每一步都会释放出一条脂肪酯。这个反应在室温或者温和的条件（加热至50℃）便可以反应，同时物料和催化剂成本较低：甘油三酯可以选用普通的食用油，醇类可以选用甲醇，催化剂则选择较多（含钾、钠、钙离子等无机盐），一般为氢氧化钾及氢氧化钠。这个反应转化率很高，一般在90%以上。

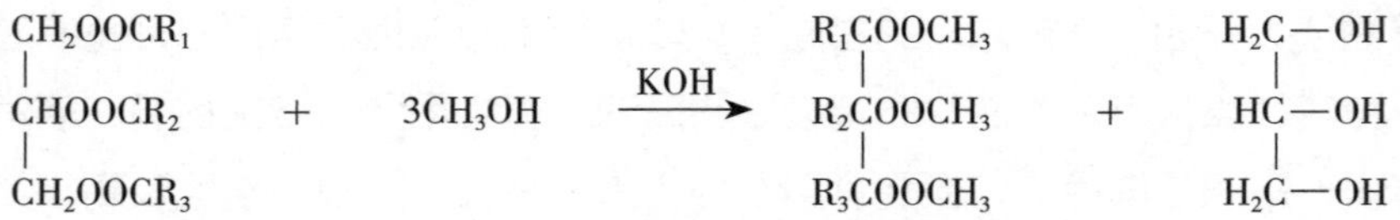

$$\begin{array}{c} CH_2OOCR_1 \\ | \\ CHOOCR_2 \\ | \\ CH_2OOCR_3 \end{array} + 3CH_3OH \xrightarrow{KOH} \begin{array}{c} R_1COOCH_3 \\ | \\ R_2COOCH_3 \\ | \\ R_3COOCH_3 \end{array} + \begin{array}{c} H_2C-OH \\ | \\ HC-OH \\ | \\ H_2C-OH \end{array}$$

图4-6　甘油酯与甲醇的酯交换反应

然而并不是所有油脂都有较高含量的甘油三酯，某些油脂酸败、氧化后，其甘油骨架上的脂肪链被释放，成为游离脂肪酸。游离脂肪酸与所使用的碱催化剂反应形成肥皂盐，使催化剂失效，反应停止。来自油脂原料的水或在皂化反应中形成的水，可以进一步通过水解反应阻止酯交换反应进行，它可以将甘油三酯水解为甘油二酯，形成更多的游离脂肪酸，因此这个时候便需要另外一个反应来处理这些游离的脂肪酸。

2．酯化反应

对于油中使催化剂失效的游离脂肪酸，可以在酸催化下使其与醇发生酯化反应形成脂肪酸酯。这种反应对于处理高游离脂肪酸含量的油类或脂肪非常有用，如图4-7所示。

$$RCOOH + CH_3OH \xrightarrow{Fe_2(SO_4)_3} RCOOCH_3 + H_2O$$

图4-7　游离脂肪酸的酯化反应

通常，酯化反应的催化剂是浓硫酸或者其他固体酸。由于反应速度较慢，且要求甲醇与油的物质的量比较高，因此这样的预处理，会提高制备生物柴油的成本。

总的来说，使用不同来源的油脂来生产生物柴油，主要分为两条路线：①针对高质量的甘油酯（植物油），可以使用碱催化一步法（酯交换反应）来制备，工艺成本低但原料成本高；②对于低质量的甘油酯，可以使用酸催化酯化和碱催化酯交换反应结合的方式来制备生物柴油，原料成本低但是工艺成本高。现阶段的厂家，需要根据所在的地区以及原料供应价格，因地制宜地选择制备路线来生产。

对于质量比较高的油脂（一般是精炼过的，可食用的低酸价油脂），使用酯交换反应是非常高效的，但是原料是食品，成本较高。精炼的植物油酸值一般在1.0mg KOH/g以下，其成本占到生物柴油制备的60%以上。这时候一些低质量或者非食用的油脂（如地沟油等）作为生物柴油的制备原料，便显得较为可行，但是这类油脂存在另一个问题便是它的游离脂肪酸含量较高，足以让酯交换反应中的催化剂失效。在这种情况下，上文提到的一步酸催化工艺便可以用于生物柴油的制备。然而，这种方法需要甲醇多，压力高和不锈钢设施贵，而且收率相对较低（以硫酸为催化剂时，过量200%的乙醇，脂肪酸转化率为82%）。

（三）使用高酸值非食用油脂制备生物柴油

按照前面提到的制备路线，一般来说是可以采取酸催化酯化和碱催化酯交换反应结合的形式来生产地沟油生物柴油的。然而，也正如上述所提到，这个反应路线涉及大量的甲醇，意味着需要更多的能量用于其蒸馏和纯化。相比酯交换反应，酸催化酯化反应需要投入约4倍于酯交换反应的甲醇，算上反应期间的加热、回收和纯化，额外投入的热量巨大。因此，为了降低生物柴油生产的能耗，可以考虑用其他反应原料来替代酸催化酯化中的甲醇。

如图4-8、图4-9所示，把预处理中的甲醇替换成甘油，通过碱催化酯化反应，把游离脂肪酸重新装回甘油上，通过这个方式降低游离脂肪酸的含量。由于在预处理中用粗甘油代替了甲醇，可节省回收和纯化甲醇所需的能源，同时从酸催化剂换成了碱催化剂，减少了生产过程中的抗腐蚀设备及中和步骤的成本投入。这种较为新颖的方法可以使用适合中国国情的原料，同时也一定程度上解决了传统两步法存在的成本和设备投入上的弊端。

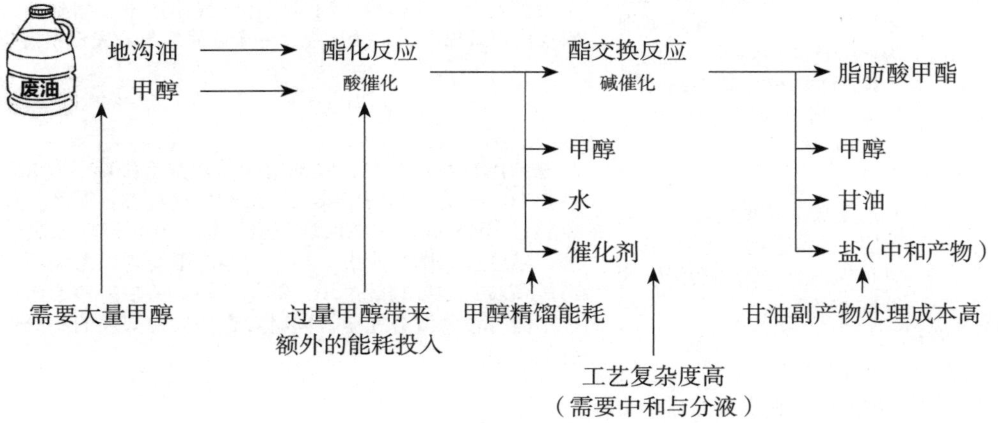

图4-8　酸催化酯化与碱催化酯交换路线

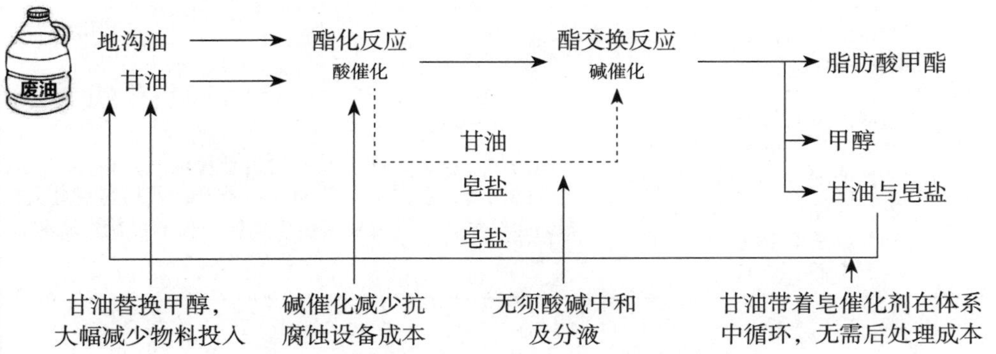

图4-9　碱催化酯化与碱催化酯交换路线

三、生物柴油的应用

（一）柴油机与生物柴油

生物柴油（脂肪酸甲酯）经过纯化（一般为蒸馏）、检测，可直接加入到现代的柴油机中使用。这种柴油称为B100，但是一般情况下发动机仍需要微调（如点火程序等等），以避免长期使用出现维护和性能问题，在投入燃料市场之前，生物柴油需要经过一定的标准检测，才能被批准使用，具体如表4-2所示。

表4-2　生物柴油常见的理化指标要求

指标	说明	不合规燃料可能存在的问题
辛烷值	燃料抵抗震爆的指标。燃料一般为多种碳氢化合物，其中正庚烷在高温和高压下较容易引发自燃，造成震爆现象，降低引擎效率，更可能导致气缸壁过热甚至活塞损裂。因此正庚烷的辛烷值定为0，而异辛烷其震爆现象很小，其辛烷值定为100	辛烷值高，意味着可以将燃料用于压缩比更高的柴油机，燃烧过程有更多氧气参与，能量转化效率会更高；过低的辛烷值则会严重影响柴油机工作，气体还没压缩到位，燃料反向对外做功，一个压缩，一个膨胀，导致发动机震爆
黏度	黏度是柴油重要的使用性能项目，它与柴油额供给量、雾化性、燃烧性和润滑性均有密切的关系	高速柴油机在运行时，喷油时间每次只有0.001 ~ 0.002s，要在如此短的时间内使喷入的柴油气化自燃，雾滴直径不能超过0.025mm，才能保证完全燃烧。雾化好坏取决于黏度，黏度过大则雾滴大，与空气混合不均匀，燃烧不完全形成积炭；如果黏度过小，雾化虽好，但喷射角大而近，也不能与空气混合完全，同时对喷油嘴等部件的润滑性能变差，增大磨损
密度	石油的密度随着其组成中的碳、氧、硫的含量的增加而增大。由于密度随温度的升高而减小，我国一般用20℃下测定的密度，称为标准密度，柴油的标准密度一般为0.81 ~ 0.86g/mL	柴油密度过小，会使发动机产生爆震，耗油量增大；密度过大，则柴油不能充分燃烧，并在气缸内和喷嘴上产生积炭，造成气缸磨损和油路堵塞，使耗油量增大
闪点	柴油闪点既是控制柴油蒸发性的项目，也是保证柴油安定性的项目。一般认为轻质燃料在储运时，其闪点高于35℃就是安全的，0#柴油的闪点不低于55℃	柴油的闪点越高，在发动机内越难被点燃，会存在燃烧不充分的问题，反之如果柴油闪点越低，就越容易被火苗点燃引起燃烧，储存运输过程中造成火灾的可能性就越大。

续表

指标	说明	不合规燃料可能存在的问题
游离甘油和总甘油	该指标反映的是生物柴油加工和纯化工艺的好坏，游离甘油指副产物甘油，总甘油包括甘油和其他副产物如甘油酯等	甘油的黏度高于生物柴油，在产品中含量过高会影响生物柴油的雾化性能。储存过程中的甘油会产生有较高含量的醛，也会导致生物柴油的亲水性增强，降低了生物柴油的氧化稳定性。总甘油含量过高则表明燃料的纯化工艺较差，残留了一定数量的甘油酯，它们在高温中更容易被氧化，从而影响发动机寿命
倾点	油品在规定条件下能够流动的最低温度	倾点越低，油品的低温流动性越好；倾点过高，说明柴油不适宜应用于冬季气温较低的地区
冷滤点	是指在规定条件下，柴油不能通过滤网的最高温度	冷滤点与柴油的使用性能有良好的对应关系，其考察的生物柴油性能与倾点相同，各牌号柴油的实际使用温度就是按照冷滤点划分的。0# 柴油适用于气温在4～8℃时使用；-10# 柴油适用于气温在-5～4℃时使用；-20# 柴油适用于气温在-14～-5℃时使用；-35# 柴油适用于气温在-29～-14℃时使用；-50# 柴油适用于气温在-44～-29℃或者低于该温度时使用
水分	低于痕迹标准（≤0.03%）	柴油中含水时，不但设备增加腐蚀和降低效率，而且会使燃料过程恶化。在低温情况下，燃料中的水分会结冰堵塞发动机油路，影响供油
酸值	生物柴油的酸值主要是游离脂肪酸（脂肪和油的自然降解产物）的指标，一般标准应该<0.8mg KOH/g	长期使用酸值过高的柴油，燃油系统沉积，燃油泵和过滤器寿命会显著缩短
氧化稳定性	一般使用加速氧化法，当测试的燃料达到氧化的临界值后，记录所需氧化时间，并以此来评价燃料的氧化稳定性	生物柴油在氧化过程中，产生过氧化物、酸等等极性较大的物质（亲水性更强），较低的氧化稳定性会影响金属部件耐用性（生锈）和管道的密封性（漏油），从而影响发动机寿命

更多的情况是，生物柴油与石化柴油经过一定比例的混合后，在加油站出售。大多数国家使用一种称为“B”系数的系统来指示生物柴油的含量：①100%生物柴油被称为B100；②20%的生物柴油、80%的石油柴油标号为B20；③5%的生物柴油、95%的石油柴油被标为B5；④2%的生物柴油、98%的石油柴油被标为B2。

（二）使用生物柴油的优势

1．生物柴油相比石化燃料有着较高的能源效益

生物柴油的生产过程中，需要石化能源提供相应的生产动力，如物料和设备的运输，生产过程中的加热、电力等。然而经过计算，生产生物柴油的能源回报非常高，每投入1单位的石化能源，生物柴油可以提供2.5～3.5单位的能源。同时生产的燃料也可以满足一部分生产需要，实际上使用的石化能源很少。简单地说，在能源投入与收获的角度看，生产生物柴油性价比高。

2．生物柴油可减少使用周期内的温室气体排放

使用生物柴油取代石油，能显著减少温室气体排放。据估计，如果生物柴油是使用农作物来源（经过光合作用生产）的油脂，那么它整个生命周期中温室气体排放（包括二氧化碳、甲烷和氮氧化物）相比石化柴油将减少41%。大豆种植中将环境中的二氧化碳固化后成为农作物本身的一部分，用大豆油做生物柴油，可以说是把固化的二氧化碳转化成燃料。当生物柴油燃烧后，二氧化碳和其他排放物被释放出来并返回到大气中，通过植物光合作用，又可以将这些碳源重新固定，这个循环不会增加二氧化碳净排放。然而，煤或柴油等化石燃料，是远古时代的植物固化的二氧化碳，燃烧后产生的所有二氧化碳对于现在的大气环境是额外增加。

3．生物柴油可以减少尾气排放

当生物柴油加入到现代的四冲程压燃引擎中，其尾气中有颗粒物（PM）、碳氢化合物（HC）和一氧化碳（CO），他们的含量相比石化能源为更低，为什么？正如上文所提到，生物柴油（脂肪酸酯）中相比长链烷烃，其酯键含有氧原子（约占总体含量的11%），在燃烧过程中有更多的氧参与，这会使到燃料燃烧得更彻底，减少了燃烧不完全的情况，因此排放的有害气体更少。同时，相比石化柴油，生物柴油中硫的含量很低，经过检测，在掺入20%生物柴油的B20柴油中，其二氧化硫（SO_2）的排放量减少了约20%，同时氮氧化物的排放也降低了约20%。

4．生物柴油与人体健康

传统石化柴油燃烧时排放的一些可入肺颗粒物（PM）、碳氢化合物（HC）是有毒或致癌的。而使用B100柴油可以减少这些尾气中90%的有毒物质，目前应用最为广泛的B20柴油可降低尾气中20%～40%的有毒物质。在矿产工作环境中，将地下车辆的燃料从石油柴油改用高混合度的生物柴油（B50～B100），可显著降低地下柴油车辆的PM排放，并大幅减少工人的接触量。

四、案例

如何使用野外的原料制作生物柴油驱动柴油机？

生物柴油的生产原理非常简单，材料也很容易找到。只需要酯交换反应对应的三种原料：甘油三酯、甲醇（乙醇）、催化剂（碱）。如果被困在一个荒岛（图4-10），想发动小船上的柴油发动机，材料就在身边：食用油是原料之一（甘油三酯）；酒精是常

图4-10　荒岛求生

见碳水化合物发酵的产物，将水果敲碎，盖住后在太阳底下发酵便可以产生乙醇；催化剂也可以就地取材，燃烧椰子的外壳，剩下的灰分便是富含碱金属离子的粉末，可以充当碱催化剂使用。把上面说到的三种材料加到一起，在室温下搅拌一段时间，等它分层后，上层液体便是土制的柴油燃料了。

五、小结

柴油机发明的初衷是为了使用更为简单的燃料，却也意外地推动了内燃机的发展；石化柴油相比食用油来说，更为可靠且便宜，迅速取代了食用植物油；随着经济的迅速发展，世界意识到石化能源的不可再生性，关注点又从原油回到植物油；废弃油脂的优势显现，变废为宝显得更为可行；加工成本是目前推广生物柴油的主要阻碍，随着研究的逐渐深入，新的制备方法逐渐被开发和应用。

思考题

（一）判断题

1．最早的柴油机燃料是原油提炼出来的。（　）

2．柴油机是外燃机。（　）

3．世界上第一个柴油机是以石油作为燃料。（　）

4．以家用洗涤剂为催化剂，将食用油和甲醇（或乙醇）反应后，制备生物柴油。（　）

5．使用生物柴油作为燃料，可以减少二氧化碳的净排放。（　）

（二）选择题

1．在柴油机中，燃料的点燃方式（　）

A. 在气缸外部点燃　　B. 在气缸内部通过压缩点燃

C. 在气缸内部通过火花塞点燃

2．脂肪酸甲酯是（　）

A. 长链烷烃　　B. 长链酯

C. 长链烯烃　　D. 甘油三酯

3．以下哪种物质可以加入到现代柴油机使用？（　）

A. 猪油　　B. 植物油

C. 原油　　D. 脂肪酸甲酯

4．以下哪种方式可以获得制备生物柴油的催化剂？（　）

A. 有机物燃烧后的灰分　　B. 椰子中的椰子油

C. 酒精　　D. 餐厨废弃油脂

5．以下哪一种不是用于制备生物柴油的原料？（　）

A. 椰子油　　B. 甲醇

C. 餐厨废弃油脂　　D. 变压器导电油

6．以下哪种物质作为柴油机的燃料时，尾气毒性更小？（　）

A. 石化柴油　　B. 生物柴油

C. 汽油　　D. 甲醇

（三）自制生物柴油试验

根据本节知识内容，尝试用现有的材料（例如：食用油，酒精，洁厕灵等）使用上述讲到的家用制备生物柴油的方法，尝试制备粗制的生物柴油。

第三节　生物润滑油

一、润滑油的发展

1．古代

“润滑”一词，是为了解决力学的摩擦而产生的词语。据记载古埃及时期就出现了“润滑”这一概念。在公元前1850年的墓穴浮雕上，一个人正把一些液体倒到路面上，然后就可以让170个强壮的男人利用滑板、杠杆和绳子来拖动用于建造金字塔的大石块（图4-11）。在公元前17世纪的古埃及时期，根据相关记载，人们为了拖动用于建筑的材料如石头和木材等重物，在货物的底下抹上一层橄榄油，使得托运更加省力。到了公元前14世纪，如在埃及出土的一些文物中，已经见到类似战车一类的木质车辆，人们也认识到，润滑能减少轮轴和轮子之间的磨损，如果在轴上涂上油脂，车轮就不会吱吱作响。经进一步考究证实，人类在轴承出现之前，已经可以使用油脂涂抹在木制的车轮和轮轴之间充当润滑剂，这时候使用的是黄油。

图4-11　古埃及金字塔

我国对润滑油的使用可以追溯到上千年前，晋代（公元265—420年）张华所著的《博物志》一书，既提到了甘肃玉门一带有“石漆”，又指出这种“石漆”可以作为润滑油“膏车”

（润滑车轴）。而在北魏时期，成书年代在公元512—518年的《水经注》，就已经出现从石油中提炼润滑油的情况相关介绍。更有相关记载表明，早在公元6世纪我国就萌发了石油炼制工艺，我国那时已经能够利用石油进行机械润滑了。

2．工业革命

古代的润滑油通常用动物油或者植物油，从一开始的橄榄油、菜籽油扩展到铁器和铜器的出现时的鲸油、蓖麻油等，尤其是抹香鲸鲸油，曾经在很长时间里都承担润滑油的作用。鲸油需求的不断增长也直接导致鲸数量急剧减少。而在一次偶然的失误中人们发现，使用石油替代鲸油，可以让织布机的维护周期变得更长。1855年有学者开始倡议“润滑革命”，用矿物油取代动物油和植物油。

1859年，第一口商业油井建立，开启了人类使用矿物油的进程（图4-12）。工业革命后，蒸汽机和许多其他机械得到越来越广泛的应用，还有商业油井的大规模建立等原因，对润滑的需求迅速增加，矿物润滑油应运而生。在19世纪40年代后期和50年代初期已经开始从煤和其他碳氢化合物中提取照明使用的煤油和性能更稳定的矿物润滑油。有很多科学家继续提高原油提炼技术，探索矿物润滑油的市场，也为后来的石油工业奠定了坚实的基础。20世纪70年代以前，当时矿物润滑油成分比较简单，基本上不加添加剂，仅依靠其较大的黏度吸附于金属表面上进行保护。随着载荷不断提高、工作条件日益苛刻，润滑技术也发生不断的变化增进，从增加油品黏度改善品质，到采取油浴润滑、喷油润滑改进技术等。20世纪70年代到90年代间，机器设备快速发展，载荷更大，温度更高；车间实现自动化、程控化、智能化。在这种形势下，要求油品必须同时具有倾点低、闪点高、黏度指数大、氧化安定性好、蒸发损失小、环境友好等优点。人们发现在油品中加添加剂、化学改性等方法可以提高润滑油承载能力，靠化学吸附膜和化学反应膜保证机械免于破坏。使用添加剂可以提高油品在金属表面上的吸附强度，同时它也改变了润滑机理。

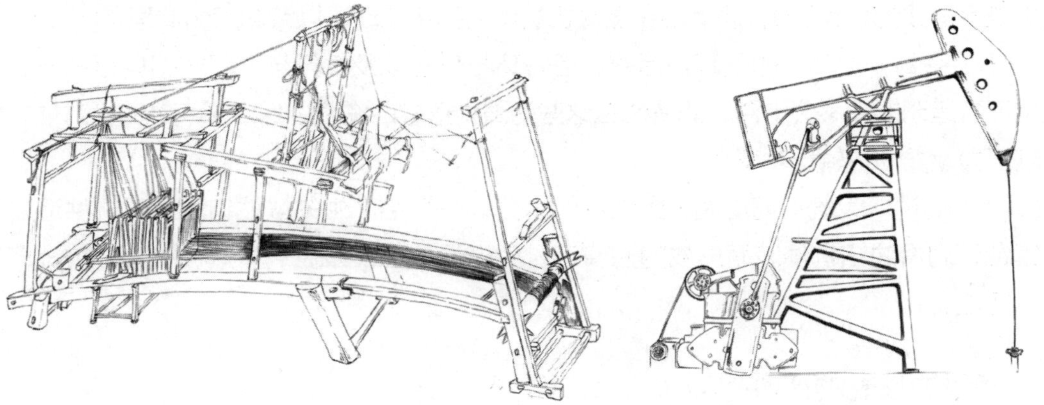

图4-12　织布机与石油钻井

二、现代润滑油及其作用

润滑油按其来源可分动物油、植物油、石化润滑油和合成润滑油四大类，而石化润滑油的用量占总润滑油用量90%以上。现代的润滑油一般由基础油和添加剂两部分组成。基础油是润滑油的主要成分，决定着润滑油的基本性质，添加剂则可弥补和改善基础油性能方面的不足，赋予某些新的性能，是润滑油的重要组成部分。润滑油基础油主要为石化来源的基础油，由原油提炼而成。

石化润滑油基础油主要生产过程有：常减压蒸馏、溶剂脱沥青、溶剂精制、溶剂脱蜡、白土或加氢补充精制。矿物基础油的化学成分包括高沸点、高相对分子质量烃类和非烃类混合物。其组成一般为烷烃（直链、支链、多支链）、环烷烃（单环、双环、多环）、芳烃（单环芳烃、多环芳烃）、环烷基芳烃以及含氧、含氮、含硫有机化合物和胶质、沥青质等非烃类化合物。

现代意义上的润滑油，是作用于各类机械、汽车设备上以减少摩擦造成的磨损，保护机械设备及一些精密加工件的液体或半固体润滑剂（图4-13）。随着润滑油应用场景的扩展，现代的润滑油除了其主要的润滑、减小摩擦功能以外，还具有以下功能：

图4-13　齿轮润滑

（1）冷却　发动机燃料燃烧所释放的热量，一部分用于动力输出和其他辅助机构的驱动上，多余的热量必须靠冷却系统和润滑油从气缸、活塞、曲轴等表面吸收热量后排出发动机体，否则将严重影响发动机性能；

（2）洗涤　发动机工作中，会产生许多污物（如吸入空气中带来的沙土、灰尘，混合气燃烧后形成的积碳等），润滑油在发动机机体内循环流动可以完成污物清理；

（3）密封　发动机的气缸与活塞、活塞环与环槽以及气门与气门座间均存在一定间隙以保证各运动之间不会卡滞，润滑油在这些间隙中形成的油膜，保证了气缸的密封性，保持气缸压力及发动机输出功率；

（4）防锈　大气、润滑油、燃油中的水分以及燃烧产生的酸性物质会对机件造成腐蚀和锈蚀，润滑油在机件表面形成的油膜可避免机件与水及酸性气体直接接触，防止产生腐蚀、锈蚀。

三、润滑油性能的评价指标

一般来说，评价一种润滑油的质量有5种指标，如表4-3所示，具体如下。

表4-3　衡量润滑油性能的常用指标

指标	内容
黏度	反映润滑油的内摩擦力，是衡量其在一定速度下对变形的阻力，单位是cm^2/s
黏度指数	衡量流体相对于温度变化的黏度变化的指标
倾点	倾点是指油品在规定的试验条件下，被冷却的试样能够流动的最低温度，单位是℃
闪点	闪点是指油品在规定的试验条件下，出现火花的最低温度，单位是℃
酸值	酸值是表示润滑油中含有酸性物质的指标，单位是mg KOH/g
氧化安定性	润滑油抵抗氧化的能力，称为抗氧化安定性或简称安定性，有多种测定方式，一般到达氧化临界点的时间表示

（1）黏度与黏度指数　在未加任何功能添加剂的前提下，黏度越大，油膜强度越高，流动性越差；润滑油的黏度越小，低温启动时发动机转速越快，容易启动。黏度指数越高，表示油品黏度受温度的影响越小。在高温情况下，黏度指数过低几乎无法提供保护作用。而润滑油的黏度指数过高，则不利于发动机低温启动。

（2）倾点　它的意义是反映油品低温流动性好坏的参数之一，倾点越低，油品的低温流动性越好。使用廉价的油脂来源（如动物油脂废料）通常饱和度会比较高，所制备的润滑油倾点会比较高，那么到了冬季较冷的地区，这种润滑油就不能使用了。

（3）闪点　油品的馏分越轻，蒸发性越大，其闪点也越低。反之，油品的馏分越重，蒸发性越小，其闪点也越高。油品的危险等级是根据闪点划分的，闪点在45℃以下为易燃品，45℃以上为可燃品，在油品的储运过程中严禁将油品加热到它的闪点温度。在黏度相同的情况下，闪点越高越好。

（4）酸值　润滑油酸值大，说明润滑油氧化变质严重，表示润滑油的有机酸含量高，有可能对机械零件造成腐蚀，尤其是有水存在时，这种腐蚀作用可能更明显。

（5）氧化安定性　氧化安定性好，则不易氧化变质。润滑油在高温下的氧化速度比常温下要快得多。润滑油在高温使用条件下，由于氧化使颜色变黑，黏度改变，酸性物质增多，并产生沉淀。润滑油的安定性是润滑油的重要化学性质，它决定润滑油在使用期中是否容易变质，是决定润滑油使用期限的重要因素。

四、润滑油的质量等级及其适用性

目前，国际上使用的润滑油技术规格主要分为“S”和“C”类，分别对应用于汽油和柴油发动机的润滑油产品，其中S代表“Spark Ignition”，是指火花点火；而C代表“Compression Ignition”，是指压缩点火。

“S”和“C”类润滑油随着标准的制定时间，其命名由“SA”开始到“SN”，柴油机润滑油则为“CA”到“CI”（表4-4）。时间越晚意味着润滑油质量等级就越高，较前一级标准增加的功能更多，现阶段SA-SH和CA-CE的质量标准已经淘汰作废。

表4-4　不同润滑油质量等级对应的适用范围

质量等级	适用范围
	汽油发动机
SJ	1997年后生产的发动机，具有更好的清净分散性和高温抗氧化性
SH	2000年后生产的发动机，能够保护催化转换器中催化剂和尾气净化系统，具有良好的燃油经济性和更长的换油周期
SM	2004年后生产的发动机，提高了低温性能及抗氧化能力
SN	2010年后生产的发动机，针对涡轮增压发动机的优化
SP	2020年后生产的汽油，增加了低速预燃、正时链条磨损的保护，改进活塞和涡轮增压器的高温沉积物保护
	柴油发动机
CF-4	1994年后生产四冲程柴油发动机，可以控制活塞沉积物产生并具有一定的燃油经济性
CG-4	1994年后生产低硫燃料重负荷公路卡车以及工地设备柴油的发动机，燃料硫含量<0.05%时选用
CH-4	1999年后生产柴油发动机，更好的高温抗氧性能，清净性能及分散性能，可以兼顾实用高、低硫燃料的发动机
CI-4	2002年后生产柴油发动机，含硫量<0.5%，更好的烟灰颗粒的分散性能

五、机油的标号

汽车保养的时候，经常会看到汽车机油的包装上标有“15W-40”等类似的编号，机油分级之后的标号表示其黏度规格，主要分为夏季用油4种，冬季用油6种，冬夏通用油16种。其中夏季用油牌号分别为：20、30、40、50，数字越大其黏度越大，适用的最高气温越高；而冬季用油牌号分别为：0W、5W、10W、15W、20W、25W，符号W代表冬季（Winter），W前的数字越小，低温黏度越小，低温流动性越好，适用的最低气温越低，在冷启动时对发动机的保护能力越好，如5W代表耐外部低温-30℃，而20W耐低温为-15℃。W后面的数字代表机油在100℃时的运动黏度，数值越高说明黏度越高，40代表100℃时运动黏度标准为12.5～16.3mm^2/s（图4-14）。

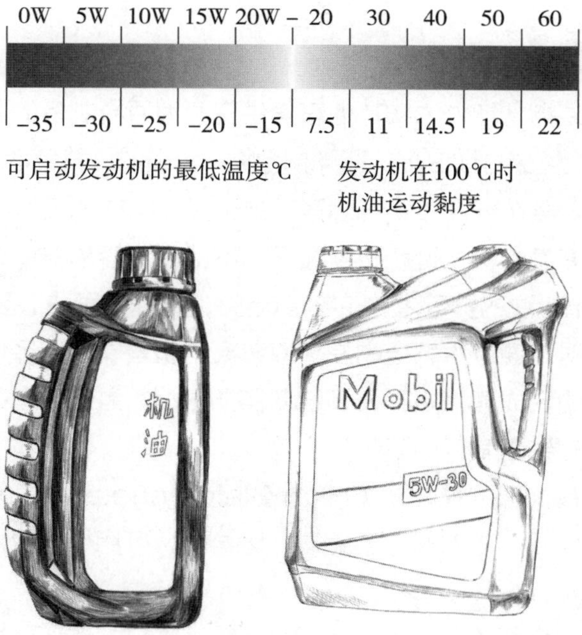

图4-14　不同机油型号所代表的性能

六、石化润滑油对环境的影响

石化润滑油在使用、储存和运输等过程中会因泄漏、飞溅、蒸发、包装用品中的残留、抛弃不当等原因进入环境。进入环境的非环境友好型润滑油造成的环境污染已不容忽视，特别是对水生植物和动物造成严重影响，甚至破坏生态平衡。据验证，0.1μg/g含量的矿物油能使海洋中小虾寿命减少20%。与此同时，日益严峻的能源问题也需要可再生能源来代替石油产品。研究与开发一种可生物降解的、能替代传统矿物油的绿色润滑油势在必行。绿色润滑油要求其不仅具有传统矿物润滑油的性能，而且易生物降解、无生物毒性或对环境毒性最小。

使用石化来源的润滑油会带来两个问题：生产、使用和排放对环境的污染，以及对环境资源的压力。众所周知，石油化工生产中产生的有害物质的量很大，危害人类生活和环境。石油开采和炼制过程中产生的含各种无机盐和有机物的废水，排放量大，处理难度大，既浪费资源又污染环境。石油化学工业在石油的提炼生产过程中由于需要大量的热量，同时会排出大量气体，如石油炼制废气、石油化工废气、合成纤维废气和石油化肥废气等，含硫量较大，造成大气的污染。目前市面上多数的润滑油所利用的石化资源是不可再生资源，使用会造成资源浪费，同时使用和排放过程中造成的碳排放也会进一步加剧全球温室化效应。为缓解能源压力、提高润滑油产品的竞争力，更好地满足环境对润滑油产品的要求，进行可生物降解润滑油的研究有着极为重要的意义。

七、生物润滑油

生物润滑剂一般是指从植物油和其他可再生资源为原料制备的润滑剂，它们通常是甘油三酯或者经过化学改性的甘油三酯的酯类化合物。常见的原料包括来自植物的高油酸菜籽油、蓖麻油、棕榈油、葵花籽油和菜籽油等，由于天然的甘油三酯与传统的矿物润滑油相比，天然植物油含有多不饱和双键和β-氢原子。不饱和键容易被氧化分解，β-氢原子易发生热分解反应，影响植物油的抗氧化性和热稳定性，现阶段更多的是使用改性后的甘油三酯作为生物润滑油。同时，通过水解植物油获取游离脂肪酸，有选择性地与醇类酯化后，可以获得具有特定功能的合成酯，如2-乙基己基脂肪酸酯，是一种有降絮能力的低黏度润滑油。目前生物润滑油主要是有以下几种：

（1）高不饱和或高油酸的植物油（High Oleic Vegetable Oils，HOVO） 主要成分为甘油三酯（TG），成本相对较低，无毒，可再生，可用作润滑油基础油，但易氧化，使用期较短；

（2）低黏度聚α-烯烃（Polyalphaolefins，PAO） 是低分子质量的二到四聚合物，由于低温性能好，但易挥发，适用于低温环境；

（3）聚亚烷基乙二醇（Polyalkylene Glycols，PAG） 为聚合环氧乙烷和环氧丙烷或它们的混合物的聚亚烷基二醇，可溶于水，对有机添加剂的溶解性差，多用于耐火润滑剂，使用范围受到限制；

（4）二元酸酯（Dibasic Acid Esters，DE） 由二羧酸（如己二酸）与羟基化的石油馏分醇酯化得到，润滑性能好，但生物降解性差；

（5）多元醇酯（Polyol Esters，PE） β-碳原子上不含氢原子的醇的脂肪酸酯性好，氧化稳定性好，但黏度较高，其中，多元醇酯由于其较好的润滑性能被广泛应用，如季四戊醇脂肪酸酯和三羟甲基丙烷脂肪酸三酯，为研究较为深入的两种生物润滑油。

从碳排放和环境保护的角度讲，生物润滑油的应用意义重大。润滑油原料再生性是指在现阶段自然界的特定时间条件下，润滑油的原材料——生物质，能够直接或间接由CO_2转化生成，通过加工、调和并完成工业应用，实现功能性用途，最后在自然条件下生物降解，返回CO_2的循环过程。可生物降解性指物质被活性有机体通过生物作用分解为简单化合物，如CO_2和H_2O的能力。在生物降解过程中常伴随着物质损失，最终产物H_2O和CO_2的生成，O_2的消耗，能量释放和微生物量的增加等。但到目前为止，全世界的环保型润滑油的产量还不足润滑剂总产量的1%。目前，我们对绿色润滑剂的研究还处于初期探索的阶段，与实际应用还有差距。随着科学技术的不断发展，人们对能源的需求日益加剧，生物润滑油的研究开发具有广阔的前景，优秀生物润滑油产品的使用对环境影响十分有利，克服了氧化稳定性不好的问题，使其使用性能不但能满足机器工况要求，又具有易生物降解、无毒、可再生、环境污染小的特性。

八、制备生物润滑油的原料

可以用于合成生物润滑油的原料有多种，与合成生物柴油的原料种类类似：如藻类油、动物油、废弃食用油和植物油（如棕榈油、蓖麻油）等。下面对几类合成原料做简单介绍：

（1）天然植物油脂（如大豆油、棕榈油、菜籽油、鱼油等） 天然植物油是最早作为润滑油的原料之一，来源广泛，历史悠久，是很好的石油化工原料替代品。它具有大多数合成油和矿物油没有的特点，如可生物降解、无毒、对环境污染小等。但也存在一些缺点：如稳定性差、在低温下易结蜡等。从化学结构上看，植物油分子中存在易氧化的化学结构如甘油酯键、双键、烯丙基碳等，可通过采用各种方法对植物油进行化学改性来改善。植物油的高效生物降解性在维持良好生物降解能力的基础上，通过采用添加抗氧剂、化学改性、生物技术改性等工艺，可提高植物油的氧化稳定性、水解稳定性、低温流动性。

在合成酯类出现之前，蓖麻油和菜籽油等植物油曾经被直接用作润滑油，第二次世界大战期间，德国发现棕榈油价格便宜，来源丰富，可以应用于三羟甲基丙烷脂肪酸三酯（TFATE）的合成。利用富含油酸的棕榈油采用酯交换法合成的润滑油不但具有优良的润滑性能，而且具有良好的氧化稳定性、抗腐蚀性和可生物降解性，能满足生物降解润滑基础油的要求。环氧化也是一种可行的途径，在催化剂存在下使环氧化的大豆油与乙酸发生反应，可以合成一种新型氧化稳定性好的可生物降解的润滑油。

（2）非食用油脂（如地沟油、麻疯树油） 从化学结构上看，非食用油脂与食用油相似，其区别主要在于成本、前处理复杂性以及产品性能。蓖麻油中含有约90%蓖麻油酸，对人体是有毒的，不能食用。地沟油也是成本极低的生物润滑油原料。废弃食用油，是厨余垃圾的重要组成部分，也是其中可利用价值最大的。按保守估算，我国每年产生的废弃食用油可达400万t以上，废弃食用油加以工业化有效应用，可以产生良好的社会效益和经济效益。经过精制、改性的废弃食用油作为基础油，可以开发出性能优异的润滑油和金属加工用油。按年利用400万t废弃食用油规模计算，每年可创造销售收入超过300亿元，利税超过60亿元，其资源能量不亚于400万t原油，几乎达到一座小型炼油厂一年的炼油量，能源总量约相当于600万t标准煤，节能效益好。利用废弃食用油制造润滑油和金属加工用油，不仅可以降低甚至杜绝无序排放造成的直接污染，同时由于其具有生物降解性，即使意外发生“跑冒滴漏”，也不会对土壤和水源构成长期危害。废弃食用油资源的工业化利用，所产生的经济价值超过重上餐桌，在经济杠杆效应的推动下，将有助于从源头切断地沟油重上餐桌的渠道。

（3）昆虫油脂 家蝇属于双翅目，蝇科，广泛分布在我国各地，是绝大多数地方的优势种。家蝇具有繁殖快、腐食性强、适应性强、抗病性强等特点。早在1975年，家蝇就被首次报道能够将家禽粪便转化为生物质。后来发现可以利用家蝇进行废物转化，例如，将垃圾、各种动物粪便和食物废物转化为具有极高营养价值的动物饲料。家蝇幼虫不仅含有与鲜鱼含量相当的蛋白质，也含有相当丰富的油脂。研究发现，用2-乙基己醇和从家蝇中提取的游离脂肪酸，在一定催化条件下酯化后，再经过后处理可以制备低成本的生物润滑油。

尽管上述不同来源的生物润滑油被研究报道，但离广泛应用还有一段距离。而且不同来源的生物润滑油，各有优缺点，优质的润滑油基础油要求挥发性低，热稳定性和氧化稳定性优良，具有良好的低温流动性和较高的黏度指数。一般来说，废弃油脂价格低廉，饱和度高，其生产出来的润滑油氧化稳定性好，但熔点较高，低温性能差；食用油（植物油）的不饱和度高，其相应的润滑油低温下不容易结晶，但不饱和键相当活泼，氧化稳定性较差。饱和度不同的油脂，性能方面各有优缺点，成本也不尽相同，想找到适宜的矿物润滑油替代品，还需要努力挖掘比较，选择更为合适的原料。

九、案例

目前，研究人员在开发新一代生物润滑油的过程中，从化学结构上入手进行研究。常见的甘油三酯，其β-碳原子上氢很活泼，导致甘油三酯的化学结构不稳定，容易在高温下产生分解。为了解决这一问题，有了很多关于其他合成原料的报道。其中，三羟甲基丙烷（TMP）不仅能合理解决β-碳原子上氢的问题，其他的结构与甘油结构十分相似（图4-15）。因此，TMP作为原料的生物润滑油不仅物理性能没有显著下降，而且化学性质也更为稳定，使用寿命也更长。

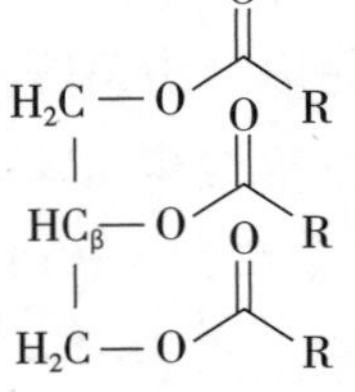
（1）

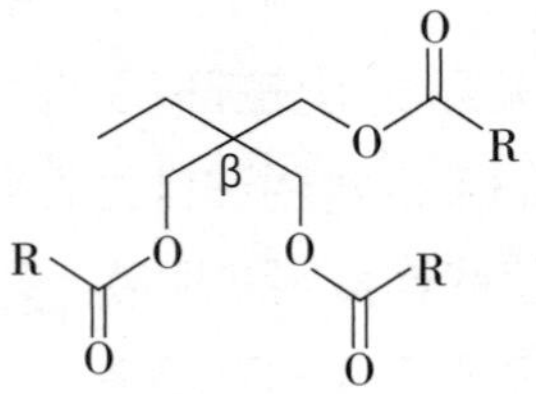
（2）

图4-15　甘油三酯（1）与TMP酯（2）的化学结构

现在已有的关于TMP为原料合成三羟甲基丙烷脂肪酸酯（TFATE）的方法，主要有直接酯化法和酯交换法。TMP是合成TFATE的主要原料，其分子结构中有3个羟甲基，可与有机酸反应生成单酯或多酯，TMP被酯化后得到的醇酸树脂、润滑油、聚酯等产品的性能优于普通的新戊二醇、季戊四醇等多元醇酯。合成TMP酯，一般使用酯交换法，使用碱性催化剂催化甘油三酯与甲醇反应得到脂肪酸甲酯（FAME），FAME再与TMP反应生成TFATE。将在碱性催化条件下得到的FAME和TMP、KOH一起添加到反应器里，在真空回流、160℃的条件下，反应1～2h，便可以获得TFATE粗品（图4-16）。在这个反应中，会产生不同的中间体：如三羟甲基丙烷单酯、二酯等。单酯和二酯是含有羟基的，而混合物中过多羟基的存在，会导致润滑油存在吸潮，密封性能下降，氧化稳定性差，使用寿命短的问题，可以通过进一步的纯化如减压蒸馏、分子蒸馏等，将单酯、二酯除去，获得纯度高的三酯。纯化后的产品可以作为合格的润滑油基础油使用了。

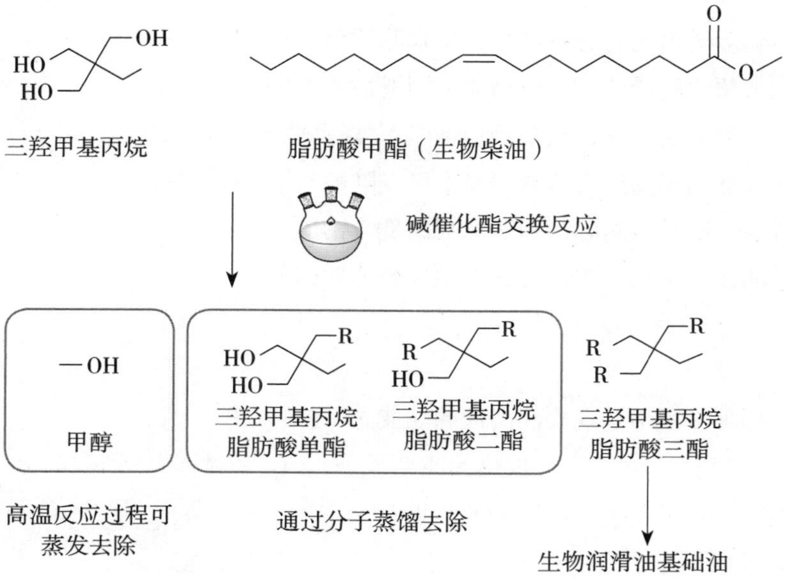

图4-16　制备三羟甲基脂肪酸三酯（生物润滑油）的化学技术路线

该反应所需温度较低、能耗较小；反应速度快，生产效率高；所使用的碱性催化剂对设备的腐蚀性小，且用量较小，成本优势十分明显。现已广泛用于制备高性能润滑油，它符合发展绿色润滑油、保护环境的大趋势。这种润滑油已被用作航空器、汽车发动机的润滑剂。

十、小结

润滑油作为人类文明发展中出现的润滑介质，有着悠久的历史。从植物油涂抹在摩擦表面，到润滑简单机械，再到石化润滑油的发展，至现代针对不同机械有着特定种类、功能和等级的润滑油。润滑油从植物油开始，到石化润滑油的大规模推广，其间润滑油的成分和功能也有巨大的变化。然而，由于石化来源的润滑油降解性差，同时又来自不可再生资源，和生物柴油一样，科学家的关注点也从石化润滑油，逐渐转移到利用不同油脂来源合成的生物润滑油。由于润滑油的应用是持续润滑，而不是通过燃烧消耗，如果处理不当，其对环境的影响远高于燃料。生物润滑油由于有着良好的润滑性能与降解性能，同时毒性也较低，在未来有着良好的应用前景。针对不同工况，科学家也开发了很多不同的制备手法，旨在开发性能可以匹敌石化润滑油，价格低廉，同时对环境友好的润滑介质。

思考题

（一）判断题

1．世界上最早出现的润滑油是石化来源的润滑油。（　）

2．石化来源的润滑油相比植物油，润滑性能更好。（　）

3．不加机油的情况下，汽车仍然可以正常行驶。（　）

4．石化润滑油泄漏到大自然环境中可以降解。（　）

5．润滑油一般是由基础油和添加剂两部分构成。（　）

6．润滑油在使用过程中，是通过燃烧被消耗掉的。（　）

（二）选择题

1．以下哪种作用不是现代润滑油的功能之一？（　）

A. 减少摩擦　　B. 加热保温　　C. 密封　　D. 散热

2．以下哪一种不是生物润滑油的优点？（　）

A. 可降解　　B. 来源广泛　　C. 易挥发

3．以下哪种物质不是现代润滑油的成分？（　）

A. 润滑油基础油　　B. 润滑油添加剂　　C. 原油

4．以下哪种润滑油不能在环境中通过生物降解？（　）

A. 多元醇酯　　B. 高不饱和或高油酸的植物油

C. 石化润滑油　　D. 聚亚烷基乙二醇

5．以下哪一种不是生物润滑油的优点？（　）

A. 对环境污染小　　B. 黏度指数高　　C. 较低的闪点　　D. 氧化稳定性好

6．以下哪种物质不含有羟基？（　）

A. 三羟甲基丙烷脂肪酸单酯　　B. 三羟甲基丙烷脂肪二酯

C. 三羟甲基丙烷脂肪酸三酯

（三）解读汽车机油标签

如果有条件，可以获取常用的汽车机油包装及标签，根据本节知识内容，解读所获的润滑油适用于什么地区，什么场合以及有着怎么样的性能。

第四节　昆虫生物转化

一、日常有机废弃物的处理

除了地沟油，有机废弃物还有餐厨废弃物和养殖业废弃物（图4-17）。近年来，随着我国经济的日益增长，城市规模及人口的增长，餐厨垃圾数量急剧上升，至2020年，仅大一线及省会城市餐厨垃圾年产量就超过了1亿t。餐厨垃圾具有营养价值高（脂肪、蛋白质含量均在20%以上）、含水多（含水率高于60%）的特点。产量巨大的餐厨垃圾，单从化学物质构成看，是非常优质的饲料来源，也是非常理想的农业肥料，但也因为含水量高与营养成分高的特性使其极容易变质腐化，滋生害虫及各类病原体。因此，直接从餐厨垃圾提取蛋白质、油脂等有机成分是非常不现实的。大量容易腐化的垃圾，若不正确处理，将严重威胁着环境和人类健康。随着我国人民饮食结构逐渐发生变化，禽畜消费增长，也产生了大量的粪便。据估算，2020年全国禽畜粪便排放量已超过30亿t，粪便类物质成分复杂，资源利用困难。如若处理不当，极易造成水体、土壤、农田污染，同时其腐化、发酵产生的氨气等一系列有害气体会对大气环境造成污染。

图4-17　两类常见有机废弃物

日常有机废弃物的处理方式有以下几种。

（1）卫生填埋　卫生填埋是将垃圾埋入地下，利用自然界存在的微生物将城市垃圾降解的生化过程。卫生填埋处理成本低，技术简单，适用性好，但是填埋法存在污染环境的隐患，容易污染地下水。同时，垃圾中潜在资源并没有被利用，对土地资源占用大。

（2）焚烧发电　焚烧法是将垃圾放在特制焚烧炉中通过燃烧将垃圾有机成分彻底氧化分解，焚烧产生的能量可以用来发电、供暖等。这种方式仍然属于粗放式处理，虽然可以提供一定的能源，但焚烧过程中会产生有害气体以及粉尘，污染环境。

（3）厌氧消化　餐厨垃圾的厌氧消化是指在无氧条件下，利用兼性微生物及厌氧微生物的代谢作用将复杂有机物降解，实现对餐厨垃圾的减容减量及资源化利用，现阶段产品主要以甲烷等能源物质为主。

目前，据国家统计局调查，城市生活垃圾清运量从2013年的1.7亿t增长到2018年的2.3亿t，年增长率超过5%，且在未来十几年仍将保持着较高的增长速率。大、中城市餐厨垃圾产量惊人，仅几大一线及省会城市城市餐厨垃圾年产量就超过了1亿t，随着垃圾产量逐年上升，对其的无害化处理已经给地方财政带来沉重负担。近些年来，广州焚烧和填埋餐厨垃圾的年均净收益分别为-2538万元和-1465万元。即使在大力发展餐厨垃圾资源化技术的城市，资源化处理比例也相对较低，以传统的焚烧、填埋为主。其实，焚烧、填埋方式粗放，仍然存在一定污染，并不能实现餐厨垃圾资源化利用。

二、昆虫生物转化的原理

昆虫有着进化历史长、种类繁多、繁殖效率高及生命力强的特点。大多数昆虫以死亡的植物或动物为食，在这个过程，它们将大分子的有机物分解后重新进入食物链的循环。例如，黑水虻通常生存于动物粪便或植物材料等腐烂的有机废物周围；生活于农村厕所、养殖场牲畜粪便周边的厕蝇（一般为大头金蝇）；城市垃圾堆常见的家蝇，个头相对小，但繁殖特别快，适应性又强（图4-18）。像这类依附于腐质生存的昆虫，卫生条件越恶劣越有利于其繁殖生长，它们穿梭于肮脏的环境，有传播疾病的风险，成为城市环境卫生的一大难题。

图4-18　生活在餐厨废弃物中的苍蝇

但是它们有成虫速度快（一般1个月左右便可以产生下1代成虫），抗病性强（病菌等微生物分解后的营养物质，更有益于其生长），繁殖量大（1只雌性成虫1次产卵在100～400颗卵不等，产卵期可达1个月左右），不挑食（干净食品、腐败食品和有机废物均可以作为其生长的营养来源）等特点。

从另一个角度来看，这类昆虫是一种未来潜在的生物精炼工具。它们以人类的废弃物为食且生长速度快，可以高效地将人类不需要又无法直接利用的废物转化为高质量有机物，如动物性蛋白、油脂等。通过有序合理的收集、分类人类产生的有机废弃物，并在可控的环境中饲养这类昆虫，有机物被高值化精炼，剩下以无机物为主的饲料残渣。这个过程，既可以处理有机废弃物，又可以获得高价值的蛋白质和油脂原料。

三、适合生物转化的昆虫

从油脂利用的角度出发，我们首先应该考虑油脂含量高的昆虫种类，有哪些昆虫的含油量比较高呢？表4-5列出目前一些昆虫（幼虫）的油脂含量（干重）：

表4-5　部分常见昆虫（幼虫）的油脂含量　　单位：%

种类	粗脂肪含量
中华稻蝗	8.24
家蝇幼虫	12.61
菜粉蝶幼虫	11.80
大白蚁	28.30
水虻	13.93
黄粉虫幼虫	28.80
米蛾幼虫	43.26
亚洲玉米螟幼虫	46.08
棉红铃虫幼虫	49.48
沙漠蝗虫	17.00

昆虫体内的脂肪含量与种类和虫态（完全变态昆虫生长周期包括卵、幼虫、蛹和成虫）相关，完全变态昆虫的脂肪含量以幼体、蛹和越冬期为高，在羽化前的幼虫（3龄老熟幼虫）一般油脂含量最高，如家蝇幼虫脂肪含量高于家蝇蛹，主要是因为幼虫需要为羽化过程储备大量能量。在众多的昆虫种类中，蝇类如家蝇、大头金蝇、黑水虻等是比较适合作为生物转化的物种。经过几十年的研究筛选驯化，它们已经可以使用农副产物或者有机废弃物喂养：如餐厨垃圾、米糠粉、锯末、麸皮、酵母粉等。饲料进行一定的预处理后，接入蝇卵，

卵孵化出的幼虫以该培养基为食，逐渐分解培养料；经过一定时间的幼虫生长期后可收集即将化蛹的蝇蛆；培育剩余的培养料经干燥处理后制成生物有机肥，餐厨垃圾因此得以处理和清除。培养基在幼虫的作用下不断的发酵升温，经4～5d幼虫饲养作用后，颜色由灰黄色变为黑褐色，水分含量降低至40%～60%，且物料变得松散，臭味降低。经干燥处理后的培养料，其有机质含量、总养分、水分和五项重金属含量可以达到有机肥的相应技术指标，可作为有机肥进一步利用。

总的来说，现在已经在逐步实现产业化的生物转化昆虫有以下的特点（优势）。

（1）其幼虫具有腐食性　蝇蛆由于其对饲料的选择性低，使用洁净饲料或腐化饲料均可喂养，而且腐化饲料养殖效果更好。微生物在腐化饲料中生长及发酵，这个过程可化解大分子化合物，更有利于幼虫消化。由于其抗病性强，病菌对幼虫生长影响较小。

（2）繁殖及生长速度快　这一模式下处理餐厨垃圾的速度较普通堆肥快，周期为4～5d，处理后的餐厨垃圾量减少10%～30%，且异味减轻。该方法饲养昆虫的场地不受面积的限制，可以利用垂直空间增设饲养场地，以50cm为每层的高度，通常单位面积可以设置5～8层饲养面积。

（3）养殖密度高　按1kg新鲜幼虫每平方米的产量计算，假设3层生产面积/单位面积，一天的幼虫量约为1000kg，一年大约为5.5kg/m^2。利用蝇蛆分解餐厨垃圾，不但降低了环境污染，同时获得了大量生物质，这一模式是符合我国以实现资源循环，减少废弃物排放为目的循环经济原则的。

四、家蝇生物转化工厂

（一）成虫的养殖

养殖家蝇成虫的主要目的是获得蝇卵，接种在需要进行生物转化的基质上。家蝇饲养的适宜温度一般为24～28℃，相对湿度为65%～80%。饲养环境要求平均日照时间＞10h，保持通风。一般将3龄末期家蝇幼虫从饲料中分离后，放置于干燥疏松的材料（如麦麸、木屑中）等待化蛹羽化。在25℃环境下，成虫在羽化后2d开始产卵，卵期可达20～28d。成虫的饲料一般为红糖、奶粉、酵母发酵后产物等，主要为雌蝇提供蛋白质来源。雌蝇主要在光线阴暗、疏松、湿度适宜并富有褶皱的地点产卵，主要是为孵化后家蝇幼虫提供适宜的生产环境和保证营养。一般集卵物需要带有气味，如湿麦麸、腐臭食物等。

（二）家蝇幼虫的养殖

（1）养殖环境　家蝇幼虫对养殖环境要求相比成虫较低，可以在20～33℃内进行养殖。随着在环境温度的提升（适宜范围内），家蝇的生长速度可因此加快，最快4d即可进入3龄老熟幼虫时期。养殖家蝇幼虫在热带、亚热带地区的生物转化效率较寒冷地区高。饲料的初始相对湿度一般要求在65%～80%，随着养殖的进行，饲料的湿度会逐步下降，因此期间无须对其进行加水保湿。

（2）饲料 家蝇幼虫的饲料主要可以分为3种：

① 食品（农业）加工副产品： 如麦麸、豆粕、米糠、青玉米等，可以由单一品种或混合调制使用。此类饲料多数为植物来源，主要为植物性蛋白及碳水化合物；

② 养殖业粪便： 如猪粪、鸡粪、牛粪等。常见的应用中多需要加入有益菌（EM）发酵液对其进行发酵，其目的在于降低饲料中的臭味以及利用微生物降解其中对家蝇幼虫来说难以消化的大分子物质，提高饲料的碳氮比；

③ 人工调制饲料： 如奶粉、红糖、蛋清等。使用人工饲料需要对其进行预发酵，除掉有害物质，并需要对饲料的pH进行调节。

（3）养殖规模 家蝇幼虫的养殖规模（密度）对于其获得的幼虫的总质量、个体质量、体长、存活率等指标有较大影响，也因此决定了整个养殖工厂的生产效率。一般情况下，幼虫饲养密度在2000～4000颗卵/kg人工饲料的密度下获得近80%的存活率；在5000～7500颗卵/kg鸡粪的接种量下，可以获得最高的生物量约为7%；在已经建立的猪粪生物转化工厂中，单位猪粪饲料获得生物量（蝇蛆）为7.3%。对于养殖密度的研究可以总结出，直接将蝇卵接种于饲料中，最佳的饲养密度为5000～8000颗蝇卵/kg饲料。

（三）养殖成本

家蝇养殖产业占比最高的成本在于人工成本，主要劳力作业集中在对成虫的养殖。过高的蝇卵接种，虽可获得较大量发育不良的家蝇幼虫，但其油脂含量及脱脂后蛋白质含量并不能得到保证。对昆虫生物转化过程的优化，实际上是实现对蝇卵的最大化利用，提高家蝇幼虫的个体质量，减少没有必要的成虫养殖（数量）。以一个占地3800m^2的家蝇生态农场为例，该农场每天可处理35m^3猪粪，在第一、二、三年均实现了盈利，利润分别为67900，110000，210000美元（表4-6）。

表4-6 家蝇生物转化猪粪的生态农场1年的投入产出数据 单位：$\times 10^3$美元

项目		2008年	2009年	2010年
营收	家蝇幼虫	137	206	354
	肥料	7.82	8.77	16.4
成本	人工成本	72.4	96.1	148
	电力	1.44	1.71	2.51
	水	0.34	0.47	0.79
	物料	0.98	1.88	3.29
	其他	1.76	4.29	6.20
利润		67.9	110	210

由其经济计算数据可发现，在家蝇幼虫饲养中，占成本比重最高的为人工成本，其占比达90%以上，推测考虑到养殖昆虫的操作需要提前对人员进行培训，作业环境相比其他农务工作略微恶劣（如气味等）导致人工成本偏高。同时，从其研究可发现，对成虫、幼虫的养殖密度进行优化，考虑到成虫的日常操作相比幼虫饲养更为复杂繁多（如换水、接卵、提供种蝇饲料、除虫、日常清扫等），若能对成虫数量进行控制，优化单位种蝇卵块的利用效率，则养殖成本（尤其是人工成本）有望大幅地降低。

（四）产品（资源）开发

首先，许多昆虫利用非食用资源和废弃物为食，通过人工饲养可以获得干净的虫体，作为优质的油脂和蛋白质来源。如食粪性昆虫水虻在短时间内消化畜禽粪便，起到净化环境的作用。采用麦麸或者腐肉饲养的蝇蛆，通常可以用作鱼粉蛋白补充饲料，喂养家畜或者水产。但由于其体内的油脂含量高于鱼粉，致使饲料储存过程易氧化酸败变质，若将油脂提取出来单独利用，剩余部分作为蛋白质饲料外，还可获得一定量的脂肪供应。此外，蚕蛹油、蝉油等都已被作为食品和医药的原料，还有很多变废为宝，变害为益，取得巨大综合效益的例子。图4-19所示为家蝇生物转化有机废弃物的生态工厂。

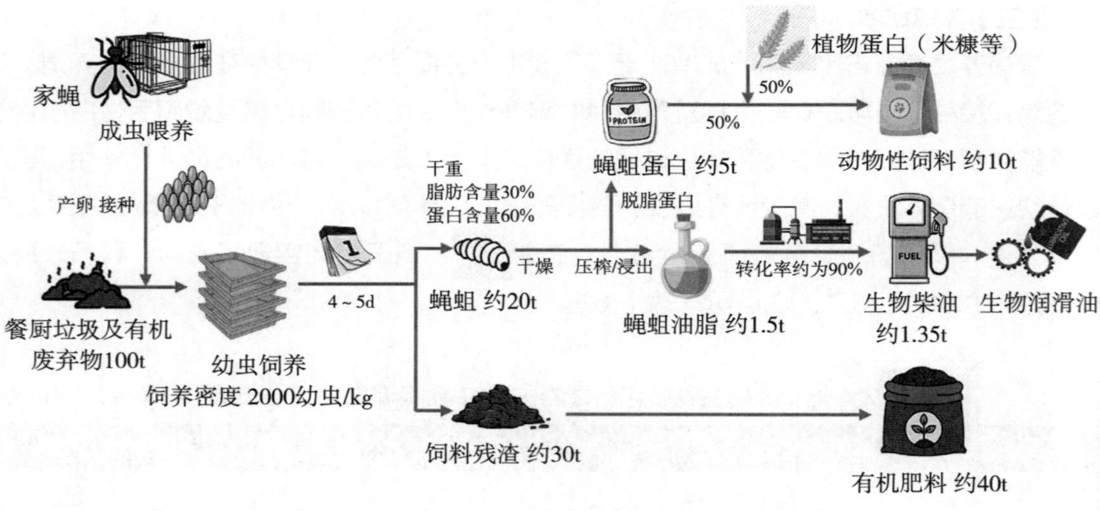

图4-19　基于家蝇生物转化有机废弃物的生态工厂

首先，假设收集约100t餐厨垃圾或有机废弃物，通过饲养家蝇的成虫，获得蝇蛆的卵；按照2000条幼虫每千克饲料的密度接种到有机废弃物上。经过4～5d，可以收集到约20t的鲜活蝇蛆，以及接近30t的饲料残渣。这个条件下的蝇蛆，脂肪含量可以占到干重的30%左右，而蛋白质含量为60%左右。将蝇蛆干燥后，通过浸出或者压榨的工艺可以获得约1.5t的蝇蛆油脂；而脱脂后的蛋白质约5t。对于蝇蛆油脂来说，将其用于生物柴油的制备，按照转化率

90%来计算，可以获得约1.35t的生物柴油。或者，通过对其进一步深加工，可以得到附加价值更高的生物润滑油。蝇蛆蛋白是动物性蛋白，按照现在动物性饲料的配方，通过对其添加1：1的植物蛋白如米糠等农副产品，可以获得约10t的动物性饲料。而喂养蝇蛆后剩下的饲料残渣是富含有机物的肥料，通过加工可以生产出约40t的有机肥料。蝇蛆生物转化有机废弃物后，可以获得多种产品：粗产品包括生物质和饲料残渣，它们可以直接用作动物饲料和化肥原料。经过深加工则可以进一步获得如燃料、润滑油、饲料和有机肥料等高附加价值的产品。

五、昆虫油脂相比其他油脂的优势

目前可以用于生产生物柴油的非食用油脂种类如下。

（一）麻疯树油

麻疯树源自美洲的热带地区，因为其果仁含有有毒的佛波醇酯，其油脂是不能食用的。现阶段以印度为代表，种植后收集其果仁用于燃料的制备。由于麻疯树适应性强，它可以在砾石土、沙地甚至盐碱土上种植。在种植后9～12个月可以收获麻疯树果仁，每公顷的果仁油脂产量可以达到600kg，其油脂的不饱和度高，可达80%，是比较适合用来作为生物柴油的原料的。

（二）微藻

微藻油脂生产比较典型的模式如图4-20所示：首先，需要建立一个类似跑道的培养

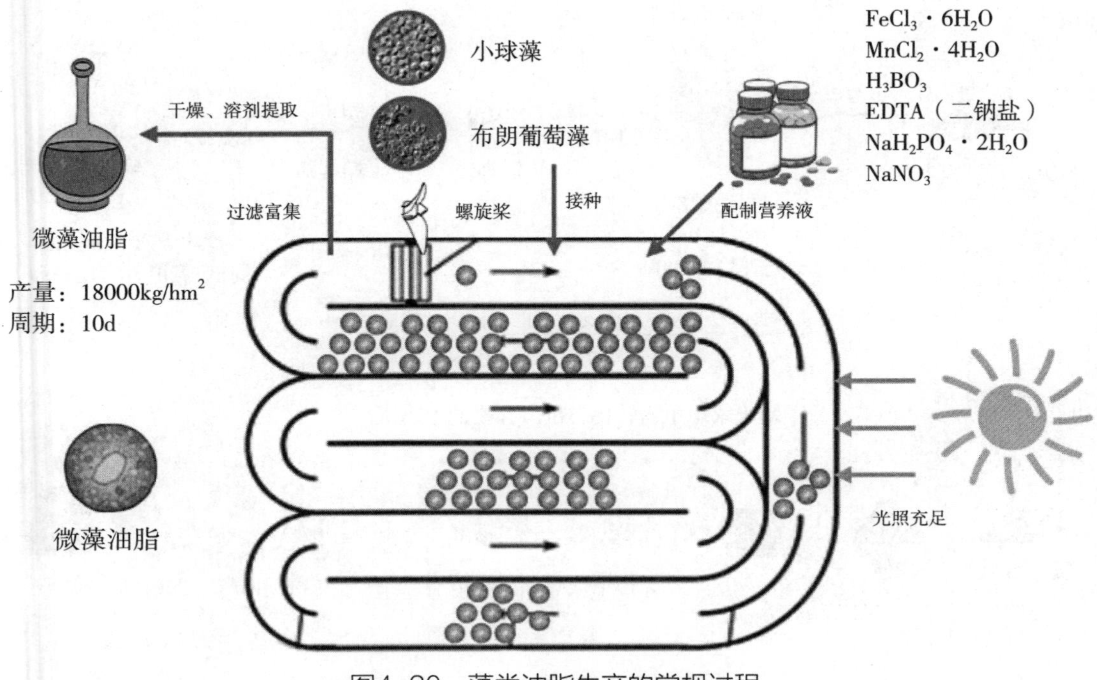

图4-20　藻类油脂生产的常规过程

池，且工厂的位置需要比较充足的光照，为微藻的光合作用提供条件。其次，培养池需要按照固定的方向安装螺旋桨，确保水流朝同一个方向流动。在接种了微藻后，在培养池中加入富含磷、铁等离子的营养液。在螺旋桨的驱动下，微藻随着水流在光合作用下流动、繁殖，经过大约10d的周期，在培养池跑道的终点处，可以收获大量的微藻。经过过滤、干燥，使用浸提法制备微藻油脂。这种条件下，微藻油脂的产量可达18000kg/hm^2，周期约为10d。

（三）蝇蛆油脂

收集餐厨和有机废弃物将其作为蝇蛆的培养基，将蝇卵接种到培养基上，按照现阶段的研究报道，通过堆栈式的培养，1m^{2}可以处理接近200kg有机废弃物。经过4～5d，按照生物量15%计算，1m^{2}可以获得30kg的鲜活蝇蛆，干燥后蝇蛆的质量约为7.5kg，按照含油量30%的比例计算，通过压榨或者浸出法可以获得约2.24kg的蝇蛆脂肪。按照每平米油脂产出量计算，蝇蛆的产量可以达到21000kg/hm^2，周期最短可以达到4d（图4-21，图4-22）。

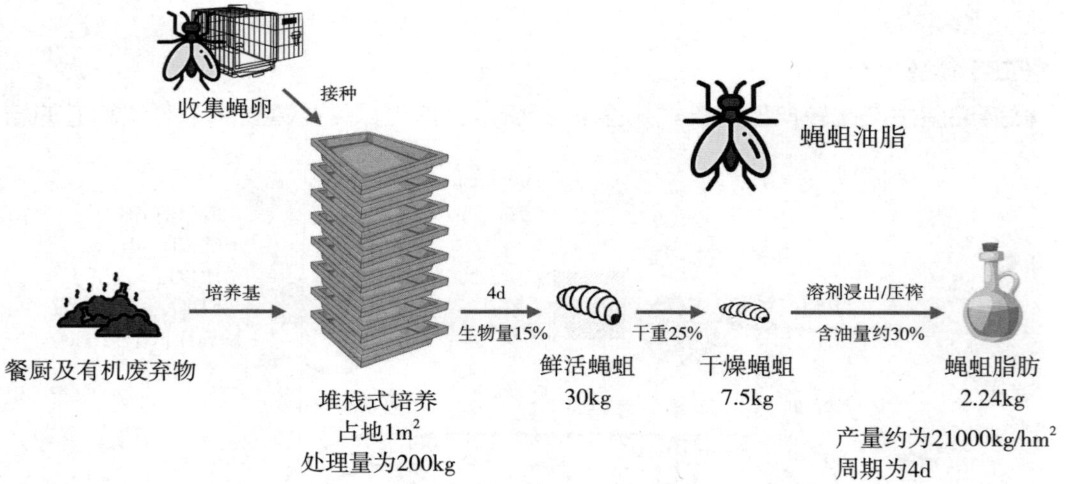

图4-21　蝇蛆生物工厂的物料产品计算

图4-22　蝇蛆生物工厂生产的不同价值的产品

种植或养殖3种油料过程中，对饲料、场地设备、工艺、产量和时间周期5个方面进行对比：

（1）饲料（原料） 麻疯树是传统的种植业，需要肥料、土壤和水；微藻则需要水和培养液；蝇蛆需要餐厨垃圾和有机废弃物；

（2）场地 麻疯树种植在热带或亚热带，需要光照，土壤要求较低；而微藻的场地和设备要求较高，光照需求也大；蝇蛆则只需要阴暗的环境和适宜的温度；

（3）工艺 麻疯树油需要灌溉和采收等种植业操作，微藻需要过滤富集和干燥，蝇蛆在过程中则几乎不需要打理；

（4）产量 蝇蛆和微藻油脂比较接近，分别为21000kg/hm^{2}和18000kg/hm^2，麻疯树为600kg/hm^2；

（5）周期 种植树果最少需要9～12个月，微藻需要10d，蝇蛆只需要4～5d。

从上述的对比来看，通过转化餐厨垃圾和有机废弃物获得的蝇蛆油脂最佳，有饲料成本低，场地要求简单，工艺复杂度低，处理密度高，转化效率高等特点。相比现有的油料作物种植及非食用油脂的制备等，具有非常大的优势和潜力。

六、小结

人类在生活和生产中，除了地沟油外，还产生了大量无法直接利用的有机废弃物，例如：生活垃圾、动物粪便等，使用物理、化学工艺对其中的油脂进行分离提取是非常不现实的；利用腐食性完全变态昆虫，对上述的有机物进行生物转化，从低质量的碳水化合物、蛋白质等有机物，转化为幼虫的高级蛋白质和油脂，这个方式除了能处理废物之外，更能使这些有机资源增值化，对环境和社会友好；从昆虫获得的蛋白质和油脂，相比常规的种植农业，有着速度快、占地少，对原料选择性低的问题，是未来人类获取有机资源的重要途径，有着巨大的潜质；昆虫处理有机废物，可生产不同产品，除去我们详细讲解的油脂外，如饲料残渣、脱脂蛋白等，都是生产具有附加价值的产品原料，几乎没有废料产出。

思考题

（一）判断题

1. 城市餐厨垃圾中含有大量的油脂。（　）
2. 苍蝇更适应于洁净环境中生存。（　）
3. 城市餐厨垃圾中的粗蛋白以及碳水化合物，可以直接通过提取进行利用。（　）
4. 只要是昆虫，都可以拿来作为生物转化的工具。（　）
5. 昆虫农场养殖幼虫后的饲料残渣，可以作为肥料使用。（　）
6. 苍蝇及其幼虫可以在寒带地区养殖。（　）

（二）选择题

1．以下哪种作用不是苍蝇作为生物转化昆虫的优点之一？（　）

A. 腐食性　B. 抗病性强　C. 繁殖速度快　D. 扩散速度快

2．在我国，以下哪一种畜禽产生的废料占比最多？（　）

A. 牛　B. 猪　C. 鸡　D. 鸭

3．以下哪种处理方式对资源浪费最为严重？（　）

A. 垃圾填埋　B. 堆肥　C. 燃烧发电　D. 生物转化

4．以下不是昆虫农场的必要步骤？（　）

A. 垃圾预处理　B. 成虫喂养交配　C. 幼虫孵化　D. 幼虫放养

5．以下哪一种不是昆虫农场的主要产品用途？（　）

A. 昆虫油脂作为燃料原料　B. 昆虫蛋白用作动物饲料

C. 饲料残渣用作植物肥料　D. 废水用于农业灌溉

6．以下哪项不是昆虫农场优势所在？（　）

A. 空间要求小　B. 对阳光要求低

C. 饲料来源广泛　D. 需要依附养殖场建立

（三）昆虫吸引试验

如果有条件，可以在住宅区的垃圾处理点，摆放不同的吸引物（例如：腐肉、新鲜的糖水、腐烂水果等），看苍蝇是不是如上所述，它们更愿意在腐败的条件下产卵繁殖？

附录　思考题答案

第一章

第一节

1. 甘油三酯　2. 是　3. 是

第二节

1. 芝麻油　2. 宋朝　3. 大豆油、菜籽油、棕榈油和花生油

第三节

1. 可可脂。

2. 起酥油名称的由来，是由于脂肪可以防止面团混合时形成相互连接的面筋网络结构，使焙烤食品变得较为酥松，这种作用称为“起酥”。最初的起酥油或人造奶油会使用部分氢化的油脂，而部分氢化油脂会存在反式脂肪酸，所以人们的固有印象就把起酥油与人造奶油等同于反式脂肪，这是不对的。

3. 以乳为原料，分离出的含脂肪的部分，添加或不添加其他原料、食品添加剂和营养强化剂，经加工制成的脂肪含量在10%～80%的产品。

第四节

1. 牛奶和稀奶油里的乳脂是以脂肪球的形式存在，外面包裹了一层脂肪球膜，牛奶和稀奶油是水包油型的乳液体系，故而外观是白色。黄油的制作过程破坏了脂肪球膜，去除了大部分水分和乳固体，使结晶的脂肪颗粒聚集，形成油包水的体系，故而呈现出黄油本来的颜色。

2. 酥油是一种浓缩黄油产品，黄油在高温下熬炼，全部水分蒸发，乳固形物沉淀，产生了一种强烈的奶油风味，相较于黄油，酥油气味更加浓郁。

第五节

1. 饱和程度高、烟点高的食用油适合做煎炸油。

2. 不饱和脂肪酸含量高的食用油氧化稳定性差、烟点低。

第六节

1. 压榨法

2. 甘油二酯是一类甘油三酯中一个脂肪酸被羟基取代的结构脂质。

3. 中长链甘油三酯是一种同时含有中链脂肪酸（C_6～C_{12}）和长链脂肪酸（C_{14}～C_{24}）的结构脂质。

4. 食用油过度加工造成油脂伴随营养物的损失，还造成资源浪费、环境污染，甚至产生新的食品安全问题。

第二章

第一节

1. 中链、短链脂肪酸构成的甘油三酯乳化后即可吸收，经由门静脉入血；长链脂肪酸构成的甘油三酯与载脂蛋白、胆固醇等结合成乳糜微粒，最后经由淋巴入血。

2. 高脂饮食和高碳水化合物饮食均能导致肥胖，糖在人体脂肪合成中也扮演着重要的角色，从糖类转化的饱和脂肪酸还会干扰必需脂肪酸的正常生理功能，增加患退行性疾病的风险，无论是脂肪还是碳水化合物，数量都不如质量更重要，饮食注意不饱和脂肪于饱和脂肪的平衡摄入，避免吃精加工的碳水，优先摄入低升糖指数的食物。

3. 结合能量值与升糖指数来搭配。

第二节

1. 严格控制碳水化合物的摄入，饮食中补充适量的蛋白质，适量补充些含中链甘油三酯的食物。

2. OPO结构脂，1, 3-二油酸-2-棕榈酸甘油三酯，经先进工艺加工，特有的二位棕榈酸结构，消化时不易形成钙皂，从而不易引起婴儿便秘，更易于脂肪酸和钙的消化吸收。

第三节

1. 尽量选择甘油酯形式和卵磷脂形式的DHA制品，除了深海鱼油，还要多从植物如亚麻籽、紫苏籽等中来摄取*n*-3不饱和脂肪酸。

2. 含有天然抗氧化剂角鲨烯，以及能改善过敏作用的单不饱和脂肪酸棕榈油酸。

第四节

1. 主要是由于*n*-3/*n*-6脂肪酸在体内代谢是相互竞争的，代谢过程接受共同的转化酶系统作用，通过不同的代谢途径产生不同的代谢产物。当摄入比例合适时，*n*-6和*n*-3脂肪酸在体内各司其职，而当摄入*n*-3多不饱和脂肪酸不足时，*n*-6多不饱和脂肪酸衍生的花生四烯酸在环氧化酶的作用下代谢产物过多引发炎症，导致一系列健康风险。

2. 炎症出现的病理作用主要是炎症介质释放而引起的。需要减少促炎食物的摄入，减少加工食品摄入，多摄入有机蔬菜、低糖水果、含有n-3不饱和脂肪酸的健康脂肪以及蛋白质等。

第五节

1. 油酸

2. 植物油的甘油三酯结构中都含有多种脂肪酸，有的熔点低比如不饱和脂肪酸，饱和的长链的脂肪酸熔点较高，冬天气温下降的时候，熔点高的长链饱和脂肪酸就会结晶析出，出现絮凝现象。这是一个物理现象，不会破坏植物油的品质。

3. 鱼油不是多不饱和脂肪酸的唯一来源，市场上有其他来源的DHA如微藻发酵生产的DHA。

第六节

1. 乳脂和反刍动物油脂中天然含反式脂肪酸。

2. 家庭和小作坊不具备检测黄曲霉毒素的能力和仪器。

3. 通常是含多不饱和脂肪酸的油脂出现了“回味”。

第七节

1.《中国居民膳食指南》每几年更新一次，请关注指南对膳食脂肪酸平衡的建议及其变化。

第三章

第一节

（一）判断题：错、对、错、错、错、对

（二）选择题：DBABCD

第二节

（一）判断题：错、对、对、错、对、错

（二）选择题：CBDAB

第三节

（一）判断题：错、错、对、对、错

（二）选择题：BDCADB

第四节

（一）判断题：对、错、错、错、错、对

（二）选择题：DBCADC

第四章

第一节

（一）判断题：错、错、错、对、错、错、对

（二）选择题：DADCAD

第二节

（一）判断题：错、错、错、对、对

（二）选择题：BBDADB

第三节

（一）判断题：错、对、错、错、对、错

（二）选择题：BCCCCC

第四节

（一）判断题：对、对、错、错、对、错

（二）选择题：DBADDD

参考文献

[1] 王兴国. 油脂化学 [M]. 北京：科学出版社，2012.

[2] 王瑞元. 中国油脂工业发展史 [M]. 北京：化学工业出版社，2020.

[3] 杨计国. 宋代植物油的生产、贸易与在饮食中的应用 [J]. 中国农史，2012,(2): 52-71.

[4] Beckeett, S T. Industrial chocolate manufacture and use. 3rd edition [M]. London: Blackwell Publishing, 1999.

[5] 何东平. 油脂制取及加工技术 [M]. 武汉：湖北科学技术出版社，1998.

[6] 毕艳兰. 油脂化学 [M]. 北京：化学工业出版社，2005.

[7] Coady C. 巧克力鉴赏手册 [M]. 2版. 上海：上海科学技术出版社，2011.

[8] 芜木祐介. 关于巧克力的一切 [M]. 北京：中信出版集团，2019.

[9] 福克斯. 奶与奶制品化学及生物化学 [M]. 北京：中国农业科学技术出版，2019.

[10] 刘振民. 乳脂及乳脂产品科学与技术 [M]. 北京：中国轻工业出版社，2019.

[11] 都本玲. 非遗视野下的塔尔寺酥油花 [J]. 法音，2020 (2): 86-91.

[12] 都本玲. 塔尔寺酥油花艺术欣赏 [J]，法音，2020 (1): 3-4.

[13] 杨博. 提炼自然：藏族酥油的文化解读 [J]. 甘肃高师学报，2020，25 (1): 131-134.

[14] Shahidi F. 贝雷油脂化学与工艺学 [M]. 王兴国，金青哲，译. 6版. 北京：中国轻工业出版社，2016.

[15] 伊莱恩 · 科思罗瓦. 黄油：一部丰富的历史 [M]. 赵祖华，译. 香港：文化发展出版社，2020.

[16] 张晓雪，何海洋. 浅析奶油在西点制作中的重要性 [J]. 食品安全导刊，2019 (30): 74.

[17] Hui，Y H. 油脂化学与工艺学 [M]. 5版. 北京：中国轻工业出版社，2001.

[18] 刘玉兰. 油脂制取工艺学 [M]. 北京：化学工业出版社，2006.

[19] 阚建全. 食品化学 [M]. 北京：中国农业大学出版社，2002.

[20] 王瑞元，王兴国，何东平. 食用油精准适度加工理论的发端、实践进程与发展趋势 [J]. 中国油脂，2019，44 (7): 1-6.

[21] 米国莲，王春艳，陶丽，等. 体重指数超标与高血压和高血脂及高血糖的关系调查分析 [J]. 河北医药，2015，37 (5): 681-683.

[22] 薛海峰. 中国成人腹型肥胖与糖尿病发病关系的前瞻性队列研究 [D]. 北京：北京协和医院，2014.

[23] 陈鑫，李国强，孟美瑶，等. 燃烧我的卡路里——产热脂肪的前世今生 [J]. 自然杂志，2019，41 (6): 423-430.

[24] 郭春丽，赵晓光. 瘦素在肥胖调节中的作用 [J]. 医学综述，2011，17 (1): 44-47.

[25] 张星弛，韩培涛，李晓莉，等. 中链甘油三酯的研究进展 [J]. 食品研究与开发，2017，38 (23): 220-224.

[26] 赵霖，鲍善芬，傅红. 油脂营养健康 [M]. 北京：人民卫生出版社，2011.

[27] 李晓煜，邓福明，赵松林，等．椰子油的生理活性（Ⅳ）：减肥与美容．热带农业学［J］．2013，33（9）：84-89.
[28] 刘英华，薛长勇．预防肥胖的一种潜在制剂——甘油二酯［J］．国外医学（卫生学分册），2005，32（1）：39-42.
[29] 车娟，刘姣，朱玉芳，等．饱和脂肪酸与心血管疾病关系的研究进展［J］．天津医药，2019，47（6）：663-666.
[30] 蒋瑜，熊文珂，殷俊玲，等．膳食中ω-3和ω-6多不饱和脂肪酸摄入与心血管健康的研究进展［J］．粮食与油脂，2016，29（11）：1-5.
[31] 刘雯雯，刘梅林．ω-3多不饱和脂肪酸预防心血管疾病的临床研究进展［J］．中国心血管杂志，2018，23（6）：510-514.
[32] 江东文，黄佳佳，蓝少鹏，等．紫苏籽油研究进展概述［J］．现代食品，2017，3（6）：1-3.
[33] 李丽萍，韩涛．富含α-亚麻酸植物资源的开发与利用［J］．食品科学，2007，28（11）：614-618.
[34] 葛娜，巩江，倪士峰，等．"上火""发炎"与自由基的关系［J］．辽宁中医药大学学报，2011，13（2）：87-89.
[35] 夏世金，孙涛，吴俊珍．自由基、炎症与衰老等［J］．实用老年医学，2014，28（2）：100-103.
[36] 陈蝶玲，黄巍峰，郑晓辉，等．n-3系多不饱和脂肪酸膳食参考摄入量的研究进展［J］．食品工业科技，2015，36（11）：378-388.
[37] 刘春红，靳力，王正平，等．中链甘油三酯生酮饮食在神经退行性疾病治疗中的应用［J］．聊城大学学报（自然科学版），2020，33（1）：85-91.
[38] 王兴国．油料科学原理［M］．2版．北京：中国轻工业出版社，2017.
[39] 王力清．食用油知多少［M］．北京：中国标准出版社，2014.
[40] Yang R N, Zhang L X, Liao P W, et al. A review of chemical composition and nutritional properties of minor vegetable oils in China［J］. Trends in Food Science & Technology, 2018, 74（4）: 26-32.
[41] 赵霖，鲍善芬，傅红．油脂营养健康［M］．2版．北京：人民卫生出版社，2016.
[42] 中国营养学会．中国居民膳食指南［M］．北京：人民卫生出版社，2022.
[43] 杨月欣，王光正，潘兴昌．中国食物成分表［M］．2版．北京：北京大学医学出版社，2013.
[44] Willett, W C, Stampter M J, Manson J E, et al. Intake of trans fatty acids and risk of coronary heart disease among women［J］. The Lancet, 1993, 341（8845）: 581-585.
[45] Peri C. The Extra-virgin Olive Oil Handbook［M］. London: Wiley Blackwell, 2014.
[46] Li Y, Fabiano-Tixier AS, Chemat F. Essential Oils as Reagents for Green Chemistry［M］. New York: Springer, 2014.
[47] Can Baser KH, Buchbauer G. Handbook of Essential Oils: Science, Technology, and Applications. 2nd Edition［M］. Boca Raton: CRC Press, 2016.
[48] Lee W J, Zhang Z, Lai O M, et al. Diacylglycerol in food industry: Synthesis methods, functionalities, health benefits, potential risks and draw backs. Trends in Food Science & Technology, 2020, 97: 114-125.
[49] Chen J Z, Lee W J, Qiu C Y, et al. Immobilized lipase in the synthesis of high purity medium

chain diacylglycerols using a bubble column reactor: characterization and application [J]. Frontiers in Bioengineering and Biotechnology, 2020, 8 (15): 2-12.

[50] 吴春英，白鹭，谷风，等. UPLC-MS/MS测定地沟油中黄曲霉毒素和苯并芘 [J]. 食品工业，2017，38 (1)：285-288.

[51] 吴惠勤，黄晓兰，陈江韩，等. SPME/GC-MS鉴别地沟油新方法 [J]. 分析测试学报，2012，31 (01)：1-6.

[52] 余擎宇，何若滢. 地沟油对人体健康的危害 [J]. 粮油食品科技，2011，19 (4)：36-37.

[53] 曹文明，薛斌，杨波涛，等. 地沟油检测技术的发展与研究 [J]. 粮食科技与经济，2011，36 (1)：41-44.

[54] 李臣，周洪星，石骏，等. 地沟油的特点及其危害 [J]. 农产品加工，2010 (6)：69-70.

[55] 郭涛，杜蕾蕾，万辉，等. 高效液相色谱法测胆固醇含量鉴别地沟油 [J]. 食品科学，2009，30 (22)：286-289.

[56] Toktam S Z, Ali K, Bahman Z N. Production of biodiesel through nanocatalytic transesterification of extracted oils from halophytic safflower and salicornia plants in the presence of deep eutectic solvents [J]. Fuel, 2021, 302 (10): 121172.

[57] Odetoye T E, Agu J O, Ajala E O. Biodiesel production from poultry wastes: Waste chicken fat and eggshell [J]. Journal of Environmental Chemical Engineering, 2021, 9 (4): 105654.

[58] Yellapu S K, Kaur R, Tyagi R D. Oil extraction from scum and ex situ transesterification to biodiesel [J]. Biofuels, 2021, 12 (6): 715-722.

[59] 马顺. 生物柴油制备及低温流动性改善研究 [D]. 广州：暨南大学，2011.

[60] 宋东辉，侯李君，施定基. 生物柴油原料资源高油脂微藻的开发利用 [J]. 生物工程学报，2008 (3)：341-348.

[61] 谭艳来. 生物柴油的制备技术及其副产物甘油的精制工艺研究 [D]. 广州：暨南大学，2007.

[62] 贾虎森，许亦农. 生物柴油利用概况及其在中国的发展思路 [J]. 植物生态学报，2006 (2)：221-230.

[63] 朱建良，张冠杰. 国内外生物柴油研究生产现状及发展趋势 [J]. 化工时刊，2004 (1)：23-27.

[64] 袁银南，江清阳，孙平，等. 柴油机燃用生物柴油的排放特性研究 [J]. 内燃机学报，2003 (6)：423-427.

[65] 盛梅，郭登峰，张大华. 大豆油制备生物柴油的研究 [J]. 中国油脂，2002 (1)：70-72.